廚帶路，美味環島！

Titan 著

原點

Contents

一場食旅探訪，
擁抱一群又傻又讓人動容的無毒農家

花了一年的時間，我繞了台灣一圈，每到一個農家，最常聽到的開場白就是「你們台北人好強壯喔！」剛開始我還樂得以為這是讚美我健身有術，但原來，長得最大、最漂亮的蔬果魚肉，正是打了最多生長激素、農藥噴最猛、藥物殘留最多，最「毒」的食材，它們全都集中到台北了。

難怪台灣是全世界洗腎國家第一名，診所、醫院不受景氣影響總是門庭若市，這絕對和我們吃進了什麼大有關係。

撒了大量化學肥料、農藥而快速成長、完整沒有蟲害的蔬菜；打入生長激素加速成長、先天抵抗力不佳得靠藥物維持健康的禽畜、海鮮；加入化學原料及人工色素看起來鮮艷又能久放的加工食品，這些，吃下肚怎麼會不生病？

我們正吃著活著的殭屍蝦，一日長成的小黃瓜

這一趟旅程中，我見識到什麼叫做「一日兩折」的小黃瓜。在生長激素一日兩次的注射下，小黃瓜可以達到一日兩次收成的高效率，又長、又直又漂亮的小黃瓜，「真正的小黃瓜味」不但吃不到，除了爽脆的口感外，還有大量的化學藥劑跟著進肚。

我也第一次認知到，原來蝦子不是看起來還活著就是新鮮。蝦子打撈上岸後，因為身體的抽動力量過大導致經脈斷裂，原則上活不過兩小時，但如果在水中加入大量藥水，可以讓牠們在消費者面前維持兩至三天的活跳跳，但也成為養蝦界都熟知的「殭屍蝦」，但這樣的蝦子你還敢吃嗎？

一片土壤在收耕之後，要休耕、重新翻土，為的是讓土壤休息，儲存新的養分。但為了高效率的種植生產，省略了休耕的步驟，撒上大量人工肥料，靠著外來的營養，植物還是會生長茁壯，但這片土地早已乾枯，成為一片不孕之土，當土壤都已經不孕了，那吃的人呢？

這些都只是冰山一角，還有太多的食物危機，來自於養殖、種植、生產過程中的追求方便、快速，這些看不見就以為不存在的問題，持續累積並摧殘著健康，我們卻渾然不覺。當身體健康出現狀況，我們只想到要去看醫生，吃藥、抑制，卻從沒想過，原來是根源—食物出了問題。

守住食材的正義，他們不只是農民

當了十多年的廚師，每天處理各式各樣冰冰冷冷的蔬菜、海鮮、肉

類，卻從未眞正接觸過孕育食材的環境、土地，更別說瞭解種植、養
殖的過程，我汗顏的笑說自己眞是一個料理過豬肉，沒看過豬走路的
料理人。經歷這一趟旅程，我才發現原來大多數的人從來都不知道什
麼是「食材眞正的味道」。

當第一次從土裡輕輕的拔起一根紅蘿蔔，小小的、細細的，毫不起
眼，但出土的那一瞬間，散出濃郁的紅蘿蔔香氣，讓我站在原地傻傻
地捧著它、嗅著它久久不能自己；第一次將剛打撈上岸的活蝦拿在手
裡，陽光下看見牠的身軀清澈透明，是我看過最美麗的一道光影；第
一次處理剛宰殺完的土雞，我興奮的、顫抖著感受著它的溫度，滿懷
著感動與感激；帶有荔枝、檸檬香氣的玫瑰，還有在書上才會看到的
琉璃苣，帶有百香果氣味的芳香萬壽菊，無論是艷麗的形體還是夢幻
的氣味，都是我不曾想過可以觸碰到，卻又再眞實不過的體驗。

源緣園自然農場的王大哥曾對老婆說：「如果我們眞的沒有錢吃飯
了，先要捨棄的，是我們的電視、手機。我的農田，我一定要堅守
住！」養殖無毒蝦的阿麟師說：「我知道別人都笑我傻，但我做的是
對的事，對得起自己，也會一直做下去。哪一天我離開了，相信不會
留下臭名」。看著他仰望星空的背影，我後悔當時沒有給他一個大大
的擁抱。

每一個投入無毒、有機種植、養殖的農民，吃苦當吃補，就算產量少、收入薄，卻也不曾放棄。因爲深愛台灣這片土地，在種植、養殖的過程也考量到對環境的影響、對吃的人負責。他們打破了一般人對農夫的既定印象，個個才高八斗、學富五車，他們過著與世無爭，怡然自得的生活，生活雖然簡約，但卻眞正富有。

詹秋弘 Titan

01 / BAMBOO SHOOT

筍料理

幸福農莊就位在台北市郊的淡水，眼科醫生黎旭瀛和太太陳惠雯，從小小的農地開始種植，吃了半年以自然農法種植出的蔬菜，女兒的異位性皮膚炎不藥而癒，夫妻倆仿佛吃了定心丸，決心持續種植並推廣秀明自然農法的理念。

食
旅

台北淡水 幸福農莊

食
譜

韓式辣炒桂竹筍里肌
桂竹筍紫蘇味噌雞肉捲

食旅

台北淡水 幸福農莊

田園蔬食，純淨土地上的自然農耕

來到幸福農莊，便看到陳姐一身輕便素雅的衣著，帶著淺淺笑容到大門口領著我進入。隨著石階而上，看到座落田園旁的老厝，雖是炎熱的夏季，蒼蒼樹蔭陣陣微風，連狗兒都在門前睡得香甜，這下我頓時懂得「幸福」來自何處。

踏入室內約可容納五十人的空間，彷彿走入大自然的教室，有開放式廚房、木製方桌椅，抬頭一看，還有傳統人字型木樑架構的屋頂，推開嘎吱作響的木板門，就像回到鄉下阿嬤家一般親切。

醫師與醫師娘，捲起袖子樂當農夫

幸福農莊就位在台北市郊的淡水，眼科醫生黎旭瀛和太太陳惠雯，當初為了有異位性皮膚炎的大女兒，試著將日本岡田茂吉大師於1935年提出的「秀明自然農法」移植到台灣，從小小的農地開始種植，吃了半年以自然農法種植出的蔬菜，女兒的異位性皮膚炎不藥而癒，夫妻倆仿佛吃了定心丸，決心持續種植並推廣秀明自然農法的理念。

「我們為了施行自然農法，不除草、

不施肥、不噴藥,很多附近的農夫看不下去,都會擔心我們沒得收成而偷偷幫我們的作物「加料」,因為沒辦法讓他們理解又防止不了,我們只好搬家」。現在的幸福農莊,是搬了一次又一次,換了無數個地點後,最後的落腳處。

陳姐笑說,這塊地當初荒廢了十年,反而讓土地得到充分休息與淨化,一開始他們只是區域種植作物,隨著作物品種增加,階段性擴增耕種面積,

「除了現在看到七分半的土地,種了蔬菜與不同品種的稻米外,我們還有另外一塊七分半的地,全數都種稻子」。

這麼大一片土地只有夫妻兩人耕作,黎醫生每週還有兩天要下山,披上白袍看診,農務工作的重擔讓他們一度懷疑自己是不是做得來,但陳姐說:「看到植物們在沒有施肥的狀況下,靠著自己的力量努力的生長著、努力的對抗蟲害,它們都做得到,我們當然也不能輕易的放棄啊!」

1、2.小橋、流水、座落在田邊樹蔭下的磚造瓦屋，頗有陶淵明《歸園田居》中的景色。
3.可容納五十人的空間，就是大自然的教室。
4.幸福農莊佔地七分半，作物與原生雜草共生，不容易分出農地的界線。

蔬菜們的遊樂園

「很多人還以爲我們很懶惰，任由自己的農田長滿雜草」。陳姐剛搬來此地時，選擇以最自然的方式栽種，有很多人覺得這種作法簡直太瘋狂了。

實行自然農法，就是重在抓住每種植物的個性，喜歡什麼樣的溫度、環境，跟雜草一起競爭的時候，什麼樣的狀態下不會敗給草？什麼情況下雜草要除的乾淨一點？就像跟人相處一樣，漸漸的才會抓到它的個性。夫妻倆的堅持與成果，慢慢的也影響了附近的農民，「現在周邊的菜園，雜草也越來越多了」，陳姐笑的開心。

這裡的蔬菜，大多都是固定種而非改良或特別配種出來的。他們從很多不同地方搜集種子，作物長出來後，會視它成長的狀況作出選拔，作物長得越好，代表它生命力越強、越旺盛，所以保留它的種子，讓這些厲害的品種得以延續。

什麼是自然農法？

以「尊重自然、順應自然」為目標的秀明自然農法，與傳統做法不同之處在於讓植物用最自然的方式生長，不定期除草當然也不灑化學的除草藥，不能施肥，除非天氣過熱太多天不下雨，甚至連水都不澆，完全全遵循大自然的生態循環概念。收集落葉與偶爾拔除的野草覆蓋在農地上，讓落葉枯草回歸土壤，水分同時鎖在裡面，不但讓土地滋潤，微生物得以存活，也保護表土不會被風吹走。

一年四季超過一百三十多種的作物，讓這片土地隨時隨地像是蔬菜們的遊樂園。幸福農莊充滿著純樸、踏實。

現採鮮蔬，在田園裡尋寶

陳姐說：「現在你看到的稻米，有當初來自日本的「龜治」與「神力」兩種品種外，還有它們的小孩蓬萊米的第一代，這些都是很珍貴的資產」，我看著一家團圓的綠油油稻田，滿滿的感動爬上心頭。

這裡同時種植了甘蔗、茄子、菊苣、

1、2.小草保持了土壤的溼度,和作物和平共生。
3.偶爾適當的以人工除草,要照顧這諾大的農地可不是簡單的工作。
4.保留原始品種的稻米,記錄了日本米與台灣米的歷史脈絡。

玉米、山藥、大黃瓜、青紫蘇、秋葵、樹薯、桂竹筍、小芋頭、節瓜、高麗菜、芭蕉、薏仁、花生、薑、蕎頭、芝麻等作物,雜草堆裡還會發現檸檬香茅、食用薔薇、羅勒、迷迭香躲在一旁,香氣逼人。

陳姐接著說:「我們引進不同的品種,或古老的品種,種植、育種、留種,現在大家吃來吃去都是差不多的蔬菜,我們這麼做也能讓各式各樣的作物維持餐桌上食材的多樣性,像埃及黃麻、黃色的紅蘿蔔、紅色的紅蘿蔔,這裡都有」。

和作物對話,幫它們打氣

「小心小心!不要踩到它們!很多固定種的作物全台灣就這麼幾顆」陳姐一再提醒我,這裡的蔬菜種類雖多,但每一種種植的數量與面積卻都不大,而每一株蔬菜,都像孩子一樣寶貝。

看到陳姐走近大黃瓜,說著:「你好棒!黎醫師來不及給你架子你也長得好挺、好高!」這一幕讓我看傻了眼。陳姐告訴我,她每天都會跟植物們說說話,因為:「所有的植物都有野外求生的能力,平常是我們慣壞了它

們，在適應的過程中，它們其實很辛苦，我們陪著它，幫它加油打氣，但也該懂得適時的放手。」艷陽下，談著蔬菜像談著自己孩子的陳姐，笑容好溫柔。

受到這番景象的觸動，我看著手中的小黃瓜，拿在手中的份量變得一點都不輸給市面上漂亮、碩大的量產蔬果，讓我對堅持著無毒農法的農民，以及源源不絕供給養分的土地與奮力生長作物，更加尊敬了。

體驗式課程，自然理念共享

來到幸福農莊的每一個人，都是認同、信任夫妻倆的理念、對這片土地的付出。這裡，不僅有田園導覽、種稻體驗，還有實務理論兼具的自然農法課程，更向下紮根，舉辦的夏令營及講座活動內容，包括自然耕作、蔬菜採集、小溪抓魚、小廚師體驗、露天野炊等等，希望透過教育，讓下一代瞭解生態永續的重要性，讓民眾知道吃得健康比什麼都重要。

1、2. 此時正好是桂竹筍的季節。

3、4. 作物靠自己的能力長大、茁壯，黎醫生與陳姐也常常對著作物們說話，為它們打氣。

5. 作物花了更多的力氣緩慢、堅強的生長著，也將濃郁、真正作物該有的味道濃縮其中。

6、7. 從園裡摘來的食材，直接料理。

8. 吃著自己土地種植出來的食物，健康又滿足。

哪裡買
Where to buy

幸福農莊
地址：新北市淡水區屯山里番社前11號
電話：(02) 2801-5059
網址：http://www.shumeifarm.tw/pw/
宅配：現場販售

身為日本華僑的黎醫師，也持續將日本自然農法、採種等相關的資訊、書籍翻譯，醫師娘陳姐也出版多本著作，從產地到餐桌，用樸實的視覺、文字，將二十多年來生活經驗、飲食觀分享出來。直至今日，還是會到日本進修學習。

在台灣，有像陳姐這樣自然農法的農家，默默為這片土地付出心力，為了品質，甚至不惜將採收期拉長，不以販售收益為第一考量，多虧了他們不放棄的決心，我們才有機會可以品嘗到蔬菜「真正的味道」。

韓式辣炒桂竹筍里肌

雖然總說簡單烹調，吃食物原味最好，但偶爾在餐桌上想要來點變化，加入不同國家的特色醬料就能變化出不同風味的料理。韓式辣醬辣中帶甜，在炎炎夏日沒有胃口時，特別開胃。

材料

馬鈴薯片 —— 6片
豬里肌 —— 80克
玉米粉 —— 15克
洋蔥 —— 30克
桂竹筍 —— 60克
蒜碎 —— 5克
韓式辣椒醬 —— 10克
番茄醬 —— 30克
水 —— 100c.c
味醂 —— 20c.c
鹽，胡椒 —— 適量
羅勒葉 —— 2片

做法

1 馬鈴薯去皮，切成片狀，由冷水開始煮，水滾後約2分鐘後，取出備用。

2 豬里肌切成丁狀，加入玉米粉略醃，洋蔥與桂竹筍也切丁狀。

3 取一平底鍋，加入適量的油，開中火，放入調味的馬鈴薯片，煎至兩面上色後取出，放入豬里肌炒，稍微上色後，放入洋蔥丁及桂竹筍續炒，香氣出來後，加入蒜碎及韓式辣椒醬拌炒，等辣椒醬顏色變深後，加入番茄醬跟水，利用味醂、鹽、胡椒調味。

4 擺盤，放上煎好的馬鈴薯片，放上炒好的料、撒上羅勒葉即可。

食譜

桂竹筍紫蘇味噌雞肉捲

吃當季、當地的蔬果，除了縮短「食物旅程」的碳排放量，也能吃到最新鮮的食材。無論哪一種筍，除了鮮甜，還帶有一定程度的口感，捲入雞腿肉中，添加帶有濃郁香氣的紫蘇或其他香料，就能將台式食材變身成西式料理。

材料

棉繩 ——— 1段
雞腿肉 ——— 1隻
味噌 ——— 20克
桂竹筍 ——— 1小條
青紫蘇 ——— 1片
洋蔥 ——— 20克
黃甜椒 ——— 20克
紅甜椒 ——— 20克
小黃瓜 ——— 20克
迷迭香 ——— 1克
無糖鮮奶油 ——— 70c.c
糖，鹽，胡椒 ——— 適量

做法

1　雞腿肉稍微用刀子再劃開，使肉攤平，裡面塗
　　上味噌，放入燙熟的桂竹筍條，及撕開的青紫
　　蘇葉，捲成圓形狀，利用棉繩綁起，醃製至少
　　30分鐘。

2　雞腿肉連同棉繩放入冷水中開始煮，水滾後開
　　小火煮約7分鐘至熟，之後取出，切斷棉線，
　　等表面水分蒸發後，利用平底鍋將皮的部分煎
　　上色。

3　洋蔥、黃甜椒、紅甜椒跟小黃瓜都切成大丁
　　狀，迷迭香稍微剁碎，放入平底鍋，開中火一
　　起炒，不用炒軟，香氣出來後調味。

4　味噌10克與無糖鮮奶油混合，放入鍋中煮至濃
　　稠成醬汁，利用糖調味。

5　盤上放上炒好的蔬菜，切成段狀的雞肉捲，淋
　　上醬汁即可。

02 / VEGETABLE

時蔬料理

一百二十座溫室場座落在約兩公傾半的土地上，這裡是供應全台宅配蔬菜的源頭，每一座溫室場的作物性質都不同，有幼苗、季節性蔬菜以及近日將採收的菜園，裡頭的菜種相當多，有小白菜、小松菜、青江菜、茼蒿、玉米、高麗菜、蘿蔔、番茄等。

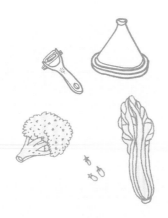

食旅

桃園新屋 九斗村休閒有機農場

食譜

鮪魚奶油南瓜燉飯
塔菇白菜章魚佐檸檬油醋
芭蕉花米線襯雲南辣腸

桃園新屋
九斗村休閒有機農場

新鮮看得到,有機蔬菜教育基地

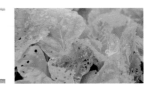

一百二十座溫室場座落在約兩公傾半的土地上,這裡是九斗村休閒有機農場,也是供應全台宅配蔬菜的源頭,每一座溫室場的作物性質都不同,有幼苗、季節性蔬菜以及近日將採收的菜園。品種有小白菜、小松菜、青江菜、茼蒿、玉米、高麗菜、蘿蔔、番茄等,為了供應每日所需,宅配菜色必須時常變換,讓消費者天天吃到的蔬菜都不一樣。

用溫室守護一畦好菜

「從種子開始育苗,再將幼苗放到各個溫室栽種,所以整個週期其實是要往前推,每一個品種的時間都不一定,都要經過精算過後再下去排列。」皮膚黝黑的古大哥帶著我們在溫室中解說。他長年照顧幼苗,看著植物們成長,在這裡,蔬菜大多屬於春、秋兩季生長,有的兩、三個禮拜收成,有的更久,看得出來投入不少心力在此。

看著沒有直接接觸到陽光的溫室栽種,我不禁懷疑,對蔬菜而言是最好的嗎?

古大哥說,雖然溫室種植確實沒有辦法讓蔬菜直接接觸陽光、雨水,但溫

室栽培可以配合季節、菜種、溫度、濕度，以經驗判斷給水的時機，讓蔬菜在變數比較小的環境安全生長。他指著溫室外包覆的透明棚布，「因為空氣受到污染的關係，雨水中也會帶著不好的物質，落在棚布上才會累積一層油垢，一塊新的透明塑膠棚布，大約三個月就會沾染上一層油脂，溫室有效的隔絕掉這些受到汙染的雨水」。

蓋溫室棚子其實與自然種植的方式有所抵觸，但除了酸雨，溫室也能抵擋颱風的摧殘，這也讓蔬菜被保護得更好，品質與產量更穩定。

以智慧驅害蟲，與益蟲共處

育苗區可以看到不少黃色的捕蠅紙，上面密密麻麻都是黑色的小點。雖然溫室的栽種方式，比起開放的種植方式少了很多蟲害，也由於不是完全的密閉，仍需要用特殊方式捕捉或避免蟲害。因此，使用有特殊膠的捕蠅紙，即使碰到水也不會失去黏性。此外，一般蠅蟲會有趨光性，看到黃色就會往這個方向衝，因此用這個方式來捕蠅蟲。

此外，每一個溫室入口前幾排的蔬菜，都嚴重的被啃食。其用意在於既然不噴藥殺蟲，就只好給牠們足夠的食物，犧牲最前排少量的蔬菜餵飽牠們。此外，藉由輪作種些蟲子不喜歡的蔬菜，讓害蟲沒飯吃，以自然的方式，和蟲子們和平共處，也是農人累積起來的智慧。

1、2.溫室種植法可降低氣候、溫度改變對植物生長的影響。
3.採用德國進口土壤，更適合台灣氣候育苗與種植。

種植生活，高溫下的細工

說到種菜、拔菜，看起來好像很簡單，實際做起來還真的不是普通折騰人，我拿起工具，跟著古大哥的動作有樣學樣。由於對器具的使用和手勢都不熟悉，總在挖了洞、埋了苗，想把土撥回來時，又手拙的把苗給推倒，古大哥一邊忍住笑一邊重複的做給我看，才慢慢地抓到訣竅。

古大哥笑說，自己至今插苗時，都還是需要靠意志力和心理建設：「一開始我會把專注力放在我已經插完多少苗，到了一半之後，我會改為注意剩下越來越少沒有完成，想著快了快了。」在高溫的環境下、有限的工期中，將一棚又一棚的幼苗種完，不只需大量的體力，更要有堅定的毅力。

【買芭蕉花、雲南辣腸】
中壢忠貞市場
地址：中壢市前龍街、後龍街區域

與一般菜市場不同，除了有許多滇緬美食之外，忠貞市場規模大到像個迷宮似的。

儘管兩側攤販賣的東西大不相同，卻展現出族群大融合的異國情懷。

我看到賣菜阿姨忙著剝一種特別的農作物，外形呈橢圓形，顏色偏棕色，裡面的花長得像小一號的金針花，原來它的名字叫做「芭蕉花」。阿姨說，剝好的芭蕉花可以用來煮湯，也

可以拿來快炒，口感帶著些許脆勁。只是要炒一盤菜，可能要剝上大半鐘頭，也算是一種「功夫菜」。

攤位上的食材，從最容易分辨出來的香茅、薑，到少見的野茄、美國香菜等，五花八門的蔬果品種，在忠貞市場裡見怪不怪。在採買時也要仔細想想料理手法該如何處理，對於習慣做西餐的我來說，的確是一項新挑戰。

要離開市場之前，無意間發現一家香料雜貨店，日常調味料與南洋風飲料在這裡都看得到，是附近居民採買日常用品的主要據點。輪廓深邃的店老闆抱著小娃兒幽默的說：「我不是老闆，他才是老闆！」與附近居民親切的打成一片，或許這就文化大融合的可愛之處吧！

1. 致力於環保栽種的古大哥。
2、3. 在高溫的棚內插秧苗，看似簡單卻需要經驗與耐力。
4. 最前排的蔬菜被犧牲用以餵飽小蟲，讓其他蔬菜得以完整保存。

有機，源自對父親的關懷

和古大哥正在聊著時，剛帶完另一場導覽的羅場長走了進來。

經營休閒農場已有十八年的他，當初接手家中大面積的稻田，光是農務就要花掉一大半時間，之後父親生病，他帶著父親四處看病，但無論中西醫都無法控制病情，於是開始研究養生、有機種植的專業知識，實驗性的試種有機蔬菜。

羅場長說：「那時候還沒有把它當作事業，大約一年後父親身體狀況有明顯改善，我才更肯定這樣的做法，從原本的一分地，擴增爲兩甲地的栽種面積」。

不只是食療，日常運動及生活作息也相當重要，爲了給父親一個清幽的環境，開始轉型爲休閒農場。羅場長說，自己是將道家養生的概念融入農場經營之中。聽到這裡，我開始瞭解農場階段性發展的動機，原來是爲了報答父母寸草春暉。「你看到現在焢窯的地方，其實就是阿公以前的豬圈！」羅場長笑著說。利用現有資源的優勢，做出令人刮目相看的產業轉型。

接下家裡事業，一開始有許多煎熬，是外人無法感受的。羅場長說，他起初也不是眞心的喜歡做荣，但透過時間與經驗的累積，從不同面向來思考，慢慢學會接受進而變成享受，樂在其中。

能夠經營休閒農場十八年，這樣的理念慢慢受到大眾認同，從耕種到採收，投注的人力、物力不是一般人所能想像。因爲成本高，售價連帶提高，儘管如此，在對健康越來越重視的時代，餐桌上的荣餚健康無害，遠比什麼都來得重要。

1.一片綠油油的有機蔬菜,現採現吃健康看得到。
2.農場餐廳提供現採鮮吃的服務,在實際參與農務後,更懂得珍惜食材。
3.挑完芭蕉花,再融合農場裡的青蔬做料理。
4.羅廠長帶著對父親感恩的心情,一方面將健康食材的概念傳遞,更希望讓消費者都能吃到最安全、新鮮的有機蔬菜。

哪裡買
Where to buy

九斗村休閒有機農場
地址:桃園縣新屋鄉九斗村4鄰5號
電話:(03)477-8577
網址:http://www.cdf.com.tw/
宅配:http://www.farm99.com/

有機蔬菜

產地）本土生產。

種植時間）最少二～三週。

培土來源）德國進口有機土。

蔬菜種類）小白菜、小松菜、青江菜、茼蒿、玉米、高麗菜、蘿蔔、番茄等。

烹調概念）幾乎所有的蔬菜都可以生食,若需燙、炒、蒸,都不要過度烹調,才能保持蔬菜本身的色澤與口感。

品質特色）溫室有機種植,不易受天然災害影響收成,同時棚架也能擋住雨水集空氣中的灰塵與酸雨,不受汙染。

鮪魚奶油南瓜燉飯

選用芋香米來做燉飯是一大挑戰也是新嘗試，因為一般米如果硬度不足，燉飯一下就變得太過軟爛，吃不出香Q口感。芋香米吃得出澱粉中特殊的芋頭香氣，與南瓜泥下鍋燉煮之後更能發揮芋香米的自然口感。

材料

米 —— 100克
高湯 —— 150c.c
洋蔥 —— 30克
南瓜 —— 70克
高湯 —— 80c.c
杏鮑菇 —— 40克
洋蔥 —— 30克
鮪魚 —— 60克
白葡萄酒 —— 30c.c
牛奶 —— 100c.c
鹽，胡椒 —— 適量
青花菜 —— 20克
小番茄 —— 1顆

做法

1 將米洗淨，與洋蔥、高湯一起放入平底鍋內，小火煮至米粒約7分熟後（過程中不時攪拌，依狀況適量加入高湯），取出備用。

2 南瓜切片，與高湯一起煮約6分鐘後，利用果汁機打成泥狀備用。

3 杏鮑菇切成小丁狀，洋蔥切碎，取一平底鍋，加入少許的油，開大火，杏鮑菇先入鍋炒，炒至杏鮑菇上色後，放入切塊的鮪魚，等鮪魚熟化後，利用湯匙將鮪魚壓碎，加入洋蔥碎續炒，香氣出來後，加入白葡萄酒燒至無酒精味，加入7分熟的米粒，南瓜泥跟牛奶，煮至稠化至米粒約9分熟，調味。

4 裝盤，附上小番茄及燙好的青花菜即可。

塔菇白菜章魚佐檸檬油醋

很多超市中常見的台灣在地蔬菜，其實也可以洗淨後涼拌生食，這樣的概念來自於新鮮的食材，就該享受它最真實、簡單的原味。但每一種蔬菜都有它特殊的風味，可以先洗淨後取一小口吃吃看，再決定要生食還是以不同方式烹調。

材料

大章魚 —— 80克
紫洋蔥絲 —— 30克
洋蔥絲 —— 30克
塔菇菜 —— 40克
白菜 —— 40克

檸檬油醋
檸檬汁 —— 30c.c
初榨橄欖油 —— 90c.c
糖 —— 適量

做法

1　燒一鍋水，將大章魚蓋過，由冷水開始煮，水滾後關小火續煮約8分鐘，關火後，繼續泡在水裡約8分鐘，之後取出泡入冰塊水裡冰鎮，冷卻後切成片狀備用。

2　兩種洋蔥絲與撕成一口大小的塔菇菜跟白菜（換成其他生菜亦可）一起泡冰水，之後取出瀝乾備用。

3　擠出新鮮的檸檬汁，慢慢拌入初榨橄欖油，融合成油醋汁，調味。

4　將切好的章魚，與洋蔥，生菜混和，拌入檸檬油醋汁，最後裝盤即可。

芭蕉花米線襯雲南辣腸

雲南辣香腸的風味有點像港式臘腸，吃起來香辣又帶有咬勁，口味較重，和米線搭配清爽中帶有刺激，是極具南洋風情的一道料理。芭蕉花一般市面上不常見，帶有一種特殊的生澀味，不太容易被接受，但卻可以嘗鮮看看，是很特別的感受。

材料

越南米線 —— 100克
芭蕉花 —— 30克
紅蘿蔔 —— 30克
小黃瓜 —— 30克
洋蔥 —— 30克
雲南辣腸 —— 1條（一般香腸亦可）

涼拌醬汁

紅辣椒 —— 15克
朝天椒 —— 10克
檸檬汁 —— 35c.c
飲用水 —— 15c.c
糖 —— 15克
魚露 —— 20c.c
東南亞風味甜雞醬 —— 70克

做法

1　越南米線泡入水中約8分鐘，之後燒一鍋水，水滾後將泡好的米線入鍋燙約6分鐘至熟，取出冰鎮，冷卻後瀝乾備用。

2　芭蕉花取下後，取出中間較硬的花柱，燒一鍋水，水滾後加入一點鹽及檸檬汁，（可將芭蕉花定色及去除些許澀味），將芭蕉花放入燙約40秒，取出放入冰水中冰鎮，紅蘿蔔，小黃瓜，洋蔥都切成絲狀。

3　紅辣椒與朝天椒切碎，與檸檬汁、飲用水、糖、魚露跟甜雞醬一起拌勻成醬汁備用。

4　雲南辣腸切成段狀，取一平底鍋，開中火，將辣腸的兩個斷面煎上色至熟化。

5　裝盤，放上蔬菜及雲南辣腸，淋上醬汁即可。

茶料理

菁菁姐一邊將不同年份的茶葉讓我們試,一邊說:「茶其實是很好玩的。你們有看到我在院子裡曬的茶葉嗎?」一般人的說法是烏龍茶怕光線會影響茶的品質,但她卻把烏龍茶拿來曬,是因為有人就喜歡這種帶有太陽氣味的茶。

食旅

苗栗銅鑼 淨光茶園

食譜

茶花醋漬蔬菜番茄
炭焙烏龍輕拌鮮蝦野菇
鹽烤松阪豬佐紫蘇梅醋果醬

苗栗銅鑼 淨光茶園

無毒野放台灣茶，淡淡蜜香韻回甘

位在蜿蜒小路盡頭的淨光茶園，看到的是戶戶農舍，紅磚矮房座落在不陡的坡地上，怪的是我四處找著看著就是沒有看到茶園。一直以來，耳聞淨光茶園以秀明自然農法種植茶葉，用枯草、落葉製作之草葉堆肥，讓野草落葉以自然發酵的方式分解，給予土壤最健康的養份灌溉，終於，今天有機會可以來此造訪。

迎接我的菁菁姐臉上堆滿了友善的笑意，一面示意著我在僅有一台車過得了的小徑上停好車，一面指著艷陽說：「現在正午太熱了，先進來喝杯茶，晚點我們再去茶園吧！」

聞香觀色，品茗辨茶種

和外頭的高溫相較，屋內氣溫頓時降了好幾度，挑高農舍裡，第一眼看到的是開放式大廚房，跟著菁菁姐往裡頭走，像茶室般的空間，擺了一張長型矮木桌，上面擺放不少茶具。我席地而坐，菁菁姐則開始燒水、沏茶。這時男主人廖本民大哥悠然現身，也在桌旁坐了下來。微風輕輕吹拂，偶爾傳來幾聲狗吠、鳥叫，整個空間讓人無比放鬆。

菁菁姐開始和我們聊起：「其實我們的工作室在台中，這裡是我們農務之餘

1. 爽朗和善的菁菁姐，帶著我們來到自家茶室。
2. 來到茶農的家，第一件事就是坐下，喝茶。
3. 品茶心靜，是都市中不容易體會到的放鬆。
4. 還沒喝下，光是清香的茶葉與金色的茶湯，已是視覺與嗅覺的雙重享受。

歇腳的地方，或是讓打工換宿的朋友在這裡休息。除了這裡，我們在南投也有茶園，我們用茶園的土來捏陶，製作成茶杯、茶具。」難怪，現場擺放了很多的茶杯，握在手上，就是有一種樸實、溫潤的感覺。

此時，正值東方美人茶製作的季節，菁菁姐將不同年份的茶葉讓我們試茶。「茶其實是很好玩的。你們有看到我在院子裡曬的茶葉嗎？沒有幾個人會那樣曬茶的」，菁菁姐說，一般人的說法是烏龍茶怕光線會影響茶的品質，但她卻把烏龍茶拿來曬，是因為有人就喜歡這種帶有太陽氣味的茶。

沸騰的水，倒入茶壺中，裊裊白煙緩緩升起，菁菁姐蓋上蓋子靜靜等候。

菁菁姐泡茶的方式簡單到有些隨性，甚至還把茶葉長時間泡在大壺中，她說：「古時候農人會拿個大茶壺，把茶葉甚至連同茶枝浸泡在熱水裡，農務間的休息時間就倒來喝。能像以前那樣喝茶的方式才最爽快啊！不過，要感受這種喝茶法，得用傳統製茶，才不會因為久浸導致茶湯苦、澀」。

喝著茶聊著天，外頭的太陽漸漸不那麼毒辣，溫度也涼爽起來，我放下杯子忍不住請菁菁姐帶我到茶園看看。

1. 放眼望去雜草叢生，分不出哪裡是茶園，哪些是茶樹。
2. 又小又容易被驚動的小綠葉蟬，需要靠緣分和過人的眼力才能看到。
3. 試著摘下茶葉，放入口中現嘗一口。
4. 菁菁姐正說著當初以自然農法種茶的經歷。

茶葉的魔術師─小綠葉蟬

所謂的茶園，沒有茶飲廣告裡出現的壯麗場景，只見一片雜草叢生。

「茶在哪兒？」走了一段我忍不住脫口而出，菁菁姐手指著前方，我只看到一整片荒野，哪裡看起來像茶園？就算我已經在淡水的幸福農莊感受過作物與雜草共生的景象，但在跟人差不多高的雜草中，還是很難區分茶樹的位置。

菁菁姐笑著說，「幫我們家採茶的工人很辛苦，除了得在雜草中找到茶樹，成就感也很低，因為弄了很久只採得到一點點的茶葉」。佔地兩甲的土地，一年只能產出一百多斤，茶樹不是密密麻麻的生長，而是採高品質、少量產的方式種植。

看著這麼高的草我有些卻步，「這裡面要怎麼進去啊？有路嗎？」菁菁姐笑的爽朗：「就這麼走進去啊！」廖大哥看出了我的猶豫，走在前面除草開路。

這裡的生態平衡保持得相當好，除了四周蟬鳴鳥叫之外，還有小昆蟲在忙碌著，此時，隱身在茶樹的葉子上的，正是可愛的小綠葉蟬，小小一隻，前後翅呈半透明狀，帶有青色與黃色在其中，不太容易被肉眼或鏡頭

捕捉。越靠近擋風處，小綠葉蟬出沒的頻率越高，也代表這裡的自然生態活動力強，被牠咬過的茶葉會捲起，帶有淡淡蜜香，製出來的茶，風味大不相同，菁菁姐幽默地說「就是牠把茶葉變娘了。」。

我摘下嫩心，放到口中咀嚼，茶香滿嘴。菁菁姐看了又笑了：「你是用口水泡茶嗎？怎麼樣，滋味不錯吧！」。

大開眼界，製茶廠現場直擊

採摘完茶葉之後，接著來到製茶廠，我仿佛劉姥姥進大觀園般。新鮮茶葉在室外進行日光萎凋，空氣中瀰漫濃濃茶香，場面十分壯觀。整個製程從炒菁、靜置回潤、揉捻、解塊、乾燥，每一種做法都有專屬的製茶機器，廠內大哥大姐們忙著操作機器，我則跟著在一旁學習。

菁菁姐說，只有東方美人茶才有炒後燜的過程，也就是炒菁後必須以溼布覆蓋回潤再次揉捻。而茶葉上白色毫芽有如茶的保護衣，過度揉捻的話，它的茶芽就會被磨掉，所以揉捻的力道不能光用蠻力，而是有規律的反覆推揉。在揉捻的過程中，有的茶葉含水較多，就會結成一塊，因此要透過解塊，在烘乾的步驟時才能更平均，不會因某一塊含水量多而影響整體品

走向案園，一路上算歲十分清廳，越接近目的地，野草顯然就越多。

1. 剛採摘下的茶葉，在大廣場上進行日光萎凋。
2、3.有樣學樣的試著學師傅們的動作，卻沒有律動感的把茶葉散了一地。
4.製茶場的老師傅各個經驗老道，一身好手藝。

質。以一百度左右的熱風加以乾燥，程度到達百分之九十以上之後，接著做再乾、去黃片、再焙的製程，就是我們熟悉的茶葉成品。

我試著有樣學樣，但無論怎麼努力，只搖出滿身的汗，竹籃中的茶葉只有掉了一地，不像師傅們輕易地靠著身體的律動與手勢，把茶葉平均分配在竹籃上。

製茶的工作環境悶熱，過程也極耗費體力，更感受得到他們的專注與用心。這一行並不是個容易的工作，從喝茶、找好的茶葉到自己種茶做茶，工作量相當吃重，但菁菁姐和廖大哥夫婦倆卻樂在其中，菁菁姐爽朗的說：「比起輕鬆的喝茶，種茶這個領域更好玩，當有人認同我們的理念時，就是我們之間的緣分，我一直都在等這樣的人！」

身為茶農，菁菁姐認為自己有著重要的把關責任，在消費者看不到的一端，守住信任這件事，同時，也在種植的過程中，守住生態平衡，對得起大自然，這是他們一直以來創業的初衷，永遠不會改變。

5. 運用茶園的茶葉入菜，試著將東方的味道融入西式的料理之中，成為點睛之作。

6. 逛完了茶園，看完了製茶，就在廣場上好好享用一套茶餐。

哪裡買 Where to buy	淨光茶園 地址：（工作室）台中市北屯區景和街81號2樓 電話：（04）2437-7119 ／ 0910-163138 網址：http://tw.myblog.yahoo.com/ching38lin 宅配：0910-163138 林菁菁

淨光東方美人茶

別名）膨風茶。由於茶芽白毫特徵明顯，因此也叫做白毫烏龍茶。

產季）每年夏天。

栽種方式）自然農法。

氣味）帶有淡淡蜜香。主要是因為茶樹上嫩芽經小綠葉蟬咬過後，風味會因此變化。

製作特色）只有東方美人茶才有炒後燜的過程，也就是炒菁後必須以溼布覆蓋回潤再次揉捻。但因葉上白色毫芽有如茶的保護衣，所以揉捻的力道得特別拿捏。

食譜

茶花醋漬蔬菜番茄

茶花醋是很特別的再製品,以茶花加茶葉天然發酵,在夏季若以茶花醋或紫蘇結合番茄,製作成醃菜,是清爽的開胃菜。將玉米筍、小黃瓜以及茶醋醃漬後的去皮番茄一起涼拌,色彩鮮艷,夏天吃起來酸甜又開胃。

材料

馬鈴薯片 —— 6片
小黃瓜 —— 1條
小番茄 —— 20顆
玉米筍 —— 10根
鹽 —— 適量

醃漬醋
茶花醋 —— 200c.c(一般果醋亦可)
話梅 —— 3顆
糖 —— 25克

做法

1　小黃瓜兩面切斜刀,都不要切斷(蛇刀),再切成小段,抓鹽使其出水,約15分鐘後洗淨鹽份瀝乾備用。

2　茶花醋與話梅,糖混和成醃漬醋備用。

3　燒一鍋水,水滾後將小番茄放入川燙約40秒,取出冰鎮,之後去皮備用,玉米筍也川燙約2分鐘,取出冰鎮,之後切成段狀。

4　將處理好的小番茄、玉米筍及小黃瓜一起加到醃漬醋裡面,泡上至少12小時。

5　要吃時取出擺盤即可。

炭焙烏龍輕拌鮮蝦野菇

為了不讓以茶入菜淪為一種噱頭，還是比較建議以涼拌的方式，保留較多茶香，同時也能吃到食材的原味。炭焙烏龍的濃郁茶香與菇類、鮮蝦非常契合，是一道既清爽又風雅的料理。

材料

炭培烏龍 —— 10克
鴻喜菇 —— 100克
美白菇 —— 100克
蝦仁 —— 80克
洋蔥丁 —— 60克
秋葵 —— 6根
鹽 —— 適量
初榨橄欖油 —— 30c.c
紅胡椒 —— 適量

做法

1　將製成的炭焙烏龍利用冷水泡開備用（熱水雖快，但會讓風味流失較多）。

2　鴻喜菇與美白菇都將底部去除後，撕成一段一段的大小，秋葵切成段狀備用。

3　取一平底鍋，鍋內放少許的油，開大火，放入鴻喜菇與美白菇一起炒，炒至兩種菇都上色後，加入蝦仁炒，炒至蝦仁約7分熟時，放入洋蔥丁續炒，炒至洋蔥甜度出來，加入秋葵一起炒，最後調味，拌入初榨橄欖油及紅胡椒碎。

4　裝盤即可。

鹽烤松阪豬佐紫蘇梅醋果醬

松板豬本身就帶有口感，不易感到油膩，若以鹽簡單調味後煎熟，佐帶有酸、甜滋味的果醬或醬汁，更可提升味覺的跳動感，可以當作是很討喜的開胃前菜。

材料

松阪豬 ── 200克
鹽 ── 適量

紫蘇梅醋果醬：
紫蘇梅醋 ── 50c.c（一般果醋亦可）
糖　　 15克
金桔 ── 1顆

做法

1　將紫蘇梅醋與糖混和，放入平底鍋內煮至濃稠，再加入金桔汁成果醬備用。

2　松阪豬（豬頸肉），用鹽調味，放入烤箱約190度烤約7分鐘後，翻面續烤約5分鐘，讓兩面上色，裡面也熟化後取出，稍微靜置3分鐘後，切成片狀，（如果沒有烤箱，也可利用平底鍋煎上色至熟化）。

3　擺盤，淋上紫蘇梅醋果醬即可。

04 / PORK

豬肉
料理

連大哥養的豬仔活動空間比一般豬舍來得大，一般一欄養三十～四十頭
豬，他只養一半，生長空間是一般豬隻的兩倍。此外，豬隻們一天沖洗一
次澡，到了夏天則一天兩次。他說：「照顧豬紫就像是照顧囡仔同款，吃料
有正常沒？甘有消化道問題？每天工作都要照著流程走。」

食
旅

台中外埔 高登畜牧場

食
譜

獵人式燴里肌
嫩煎培根豬菲力佐甜菜根酒醋汁
楓糖芥末爐烤豬五花

台中外埔 高登畜牧場

吃海藻麴菌、每天洗香香的健康豬

台中外埔擁有優質的土質，適合甘蔗、水稻、牧草、花卉等不同作物生長，農牧兼具的產業分佈，更說明了當地物產環境相當優異。田野間蝴蝶翩翩起舞，蛙鳴鳥叫彷彿一首自然的交響樂，我不得不想著，在這環境下生長的豬，好似比困在都市高樓中的我還幸福。

海藻豬，體格健壯油質清澈

一排排並連著的豬舍，獨立在一片田中央，屋外架上晾著進出豬舍的雨鞋。空氣中，飄著令人不習慣的豬屎氣味，這正是所謂的「鄉土味」吧！

剛忙著清理豬舍的牧場主人連錦樹大哥精神奕奕的踏了進來，一邊請連太太先去準備一會要給我料理的豬肉，一邊接著介紹自家的豬仔。

連大哥在桌下拿出一個罐子，指著裡頭透明的油水：「這就是海藻豬的豬油，有沒有很清？」他說，豬隻吸收了海洋微量元素後，在體內會轉化不飽和脂肪酸，熟成之後，油質透明純淨，即使到了冬天氣溫十五、十六度，豬油也不會輕易結凍。

湊進一看，翠玉綠茶一樣的色澤，清亮透明，沒有絲毫結凍，完全無法想像它是豬油。我不禁想得出神，如果我也和這些豬仔一樣餐餐吃海藻，是不是能讓血液清澈，老了不容易有三

高的問題？

連大哥的聲音把我喚了回來，他說這些來自澎湖的海藻，是由與畜牧場合作的天和鮮物提供。原本從事海上箱網養殖及水產品加工貿易的天和鮮物，養殖出海鱺魚有著極高評價，他們提供連大哥澎湖高品質的海藻餵食豬隻，讓豬仔們不只頭好壯壯，也吸收到最天然的養分。

天麴豬，天然飼料不施打藥物

在與天和鮮物合作的海藻豬做出口碑的同時，連大哥因緣際會之下認識了早期貿易日本醬油、調味品的第一名店，於是「天麴豬」就這麼誕生了。

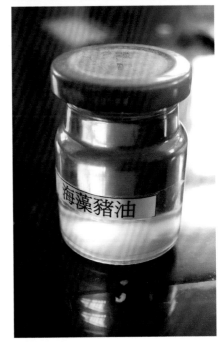

1、2. 為了維持豬舍的清潔，除了要定期打掃外，進出豬舍都需要穿上防塵衣、雨鞋並且消毒，避免將細菌帶入豬舍影響豬隻健康。

3. 穿上全套無菌裝備，在大熱天裡，還沒進入豬舍就已開始冒汗。

4. 乾乾淨淨的粉紅豬仔，在這裡得到十分完善的照料。

只選用優良血統的豬隻品種，飼料部份，則加入了鹿兒島元麴研究所的TOMOKO天然麴菌與天然海苔，麴菌富含人體不可或缺的澱粉酵素、蛋白酵素與脂肪分解酵素。在養殖時，更堅持不打針劑與生長賀爾蒙等化學藥物，並以人道方式飼養，對衛生方面要求較高。

「我們只有養殖，不負責宰殺，豬隻都統一送到CAS屠宰場」連大哥說。自CAS屠宰場送出後，天麴豬一部份做包裝肉、一部份做肉鬆，另外還可作成佛跳牆、豬腳等加工料理，將進口調味料與現宰豬肉做緊密結合，創造高附加價值。

兩倍大空間，豬宿舍好舒適

由於連大哥對於環境衛生相當重視，也怕豬舍有細菌感染，因此特別重視消毒殺菌的動作，我跟著連大哥穿上全套無菌裝備、套上雨鞋，踏入消毒水消毒……都還沒進入豬舍我就已經開始流汗了。

豬隻從小養到大，時間約莫七個月。小豬仔會先住在幼豬房一個月，再移至小豬房兩個月，最後則移到一般的豬舍之中。連大哥養的豬仔活動空間比一般豬舍來得大，一般一欄養三十到四十頭豬，他只養一半，生長空間是一般豬隻的兩倍。此外，豬隻們一

1.以為用餐時間已到，豬仔們興奮的一湧而上。
2.給予豬隻們足夠的活動空間，也是飼養者的用心。
3.幫豬仔們洗澡，主要是為了沖洗掉地上的排泄物、穢物，保持環境的整潔，照顧豬隻們的健康。

天沖洗一次，遇到夏天則一天兩次。遇到豬隻生病時，也要做記錄，清楚載明哪一棟、哪一欄，並做有效控管。

「照顧豬仔其實就像是照顧囝仔同款，吃料有正常沒？甘有消化道問題？每天工作都要照著流程走」。除此之外，在這裡豬隻都必需經過SGS的檢驗，透過驗血的方式來判斷豬的健康程度，再做編號建檔。

雖然我吃過豬肉也看過豬走路，但感受這麼多豬蜂湧而上還真的是第一次。在這約一米寬的走道上，一欄約莫二十隻豬或坐或躺等待餵食，每當我前進一步，牠們就往我的方向靠過來。

自從豬舍有了餵食設備後，更方便每日定時定量做控管，也節省了不少時間。「小隻的話不用限制牠吃的量，大隻的就一天餵兩次。」連大哥指著以為吃飯時間到了而興奮異常的豬仔們說道。

豬仔們，天天沖澡做SPA

在瞭解了豬仔們的飲食後，接下來的工作，是我一輩子想都沒想過的體驗——幫豬仔們洗澎澎。接過工人手中的水管，輪到我來幫豬洗澡。

其實豬是很愛乾淨的動物，只是豬舍的空間有限，沒法給牠們大浴缸，所以只好靠我手上的「水柱SPA」來幫

【買蔬菜】
中興大學農夫市集

中興大學農夫市集
地址：台中市南區國光路250號
電話：(04)2285-0777
營業時間：每週六08:00～12:00

久聞中興大學農夫市集盛名，往市集裡走，攤販與客人熱烈互動者，一路上看到甜菜根、高山高麗菜、紅白蘿蔔、花椰菜等，有的蔬菜在傳統市場上不常見，充滿好奇心的我，也仔細研究一番。

這時，有熱情農家將水果玉米現切好幾段：「來，這你呷看麥！」這黃白相間的顆粒，看似平凡無奇，於是向店家道謝後，拿起一段水果玉米一口咬下，哇！真是令人為之驚艷，飽滿多水帶有水果般的清甜，這爽脆的口感實在少見，原來玉米也可以這麼像水果。

今天採買的玉米筍，飽水度較高，很適合拿來做料理或沙拉生吃，而甜菜根的優點在於它顏色非常強烈，適合打成汁染在食材上，台灣的甜菜根甜度與水分比國外來得多，搭配料理更能讓人耳目一新。另外還採買了菊苣與萵苣，做起生菜來口感清脆，所以也把它一起帶回來，沒想到逛農夫市集也能感覺到挖寶的樂趣。

乾淨整齊的豬舍裡，每一欄的豬隻都有餵食設備，方便控管每日定量飲食。

1、3. 小豬的空間和大豬不太一樣,地板採鏤空鐵架,主要是防止糞便積悶的情形。
2. 畜牧場主人連大哥投入畢生心力與時間,不放過任何一個飼養細節,藉由既定流程嚴格把關,獲得企業青睞與肯定。

忙。強度適中的水柱往地上一沖,將滿地豬屎瞬間清得一乾二淨,有時不小心水柱衝上豬仔們的身體,牠們看起來也挺享受的。

在沖洗的過程中,我發現小豬的地板是鏤空鐵架舖蓋而成,而大豬欄則是用地磚,好奇的詢問為什麼要這樣做區隔?連大哥說,「因為豬跟人一樣也會生病,小豬的免疫力還未完全,排放的豬屎經由鏤空鐵架掉落,就不會有積在地上悶濕的情形。」連大哥再補充:「夏天沖洗還好,冬天沖洗我們就要擔心天氣一冷,水沒有乾會不會感冒。」

這些看似平凡的工作,卻能從中學習到連大哥專注細節的做事態度,從進豬舍開始,就是全面性的把關。雖然只有夫妻倆與一名工人負責飼養,但每一個過程都有既定的流程,踏踏實實的管理著五分地大小的畜牧場。

傳統產業,自食其力找商機

這座畜牧場是連大哥投入大半時間與心力的成果,從學生時代本科系

學起，進而當學徒、出師。最早一開始是做種豬場經營，在當時農委會推廣的計畫中被選為中部四家種豬場其一，從原本傳統銷售，到如今則是企業合作，打開另一塊推廣行銷模式。

「以前我們養的豬都送到菜市場去賣，利潤非常低」。想到過去，連大哥眉頭一下子皺了起來。

會開始思考品牌豬肉的經營，是因為原物料節節攀升，連大哥有感而發：「這裡很多養豬場，因為時代變遷而紛紛放棄了這個行業，以前一隻豬養到大要花兩千塊的成本，現在一隻豬的成本要到六千，不直接接觸消費者，而是經過層層關卡的話，利潤就會越來越薄」。經過了調整，連大哥十分篤定的說：「我要做的，是讓能接受健康食材理念的消費者來買我的東西，客群鎖定在這個族群，只要東西夠好，不用怕沒有生意。」

哪裡買
Where to buy

高登畜牧場
地址：台中市外埔區水美里二崁路68之8號
電話：（04）2680-4727
網址：天和鮮物（海藻豬）http://www.thofood.com/
第一名店（天麴豬）http://www.kingmori.com.tw/
宅配：天和鮮物（海藻豬）（02）8785-8986
第一名店（天麴豬）（02）2721-6611

海藻豬、天麴豬

產地）本土生產。

飼養時間）約七個月。

飼料種類）海藻或TOMOKO天然麴菌與天然海苔，另外還有玉米、大豆、魚粉、鈣、磷、維他命及礦物質等。

烹調口感）運動量大的部位如豬後腿肉適合長時間燉煮；油花少的部分如里肌肉，就適合快速油煎，免得過柴；油花多的部位如五花，燉煮、燒烤都很適合。

品質特色）豬隻吸收了飼料中的海洋微量元素後，在體內會轉化不飽和脂肪酸，熟成之後，油質透明純淨，豬油不會輕易結凍，豬肉也無腥臊味。

食譜

獵人式燴里肌

在義大利有一道料理「獵人燴豬」，一開始是獵人在山中打獵野炊的菜肴，後來慢慢廣為人知，在這道料理中，我用了大量蔬菜並以番茄做成醬汁一起燉煮，吃得到豬肉Q彈與蔬果香甜。尤其高登畜牧場的海藻豬吃起來沒有腥味，與其它食材搭配都相當合適。

材料

牛番茄 —— 2顆
豬小里肌 —— 200克
紅蘿蔔 —— 50克
洋蔥 —— 50克
玉米筍 —— 40克
蒜仁 —— 20克
白葡萄酒 —— 30c.c
奧立岡 —— 1克
水 —— 150c.c

做法

1 燒一鍋水，水滾後將牛番茄放入，川燙約40秒至皮稍微裂開後，取出泡冰水，之後將皮去除，切成大丁狀，豬小里肌切成一口的大小，紅蘿蔔，洋蔥及玉米筍也切成大丁狀，蒜仁切片備用。

2 取平底鍋，鍋內放油，開中火，放入豬里肌煎至表面上色後取出，再加入適量的油，放入洋蔥及蒜片爆炒，香氣出來後，加入白葡萄酒燒至無酒精味，放入番茄丁續炒，顏色變深後，放入紅蘿蔔、奧立岡葉，加入水一起燉煮。

3 約8分鐘後放入玉米筍及豬里肌，再煮約3～4分鐘至豬里肌熟化後盛盤即可。

FINISH!

嫩煎培根豬菲力佐甜菜根酒醋汁

小豬里肌等同於牛肉的菲力，也是腰內肉的一部份，肉質嫩但不含油質，加入培根與甜菜根，讓它有點煙燻的味道並增加油脂，使豬肉鹹味與甜菜根的甜味融合在一起，獨具創意又美味。

材料

豬小里肌 —— 200克
培根 —— 4片
鹽 —— 適量
鼠尾草 —— 1克
高筋麵粉 —— 20克

甜菜根酒醋汁

甜菜根 —— 100克
水 —— 120c.c
陳年酒醋 —— 50c.c
蜂蜜 —— 25c.c

做法

1 豬小里肌切成約40克的塊狀，利用肉槌稍微拍成餅狀，培根切成跟豬里肌一樣的長度備用。

2 甜菜根切成片或塊狀，與水一起煮，水滾後約3分鐘，再加入陳年酒醋與蜂蜜一起煮約4分鐘，利用果汁機打勻成醬汁。

3 豬小里肌調味，灑上鼠尾草，放上一片培根，拍上薄薄的麵粉。

4 取一平底鍋，鍋內放少許的油，開中火，將培根的那面先放下先煎，煎至金黃色後翻面續煎，一樣到金黃色至熟化。

5 擺盤，淋上醬汁即可。

楓糖芥末爐烤豬五花

豬五花本身多油，所以用以油逼油的方式烤至外皮酥脆，類似山豬肉先醃再烤的作法。吃起來除了有黃芥茉醬與楓糖醬醃料的入味香氣，讓酸甜味蓋過油膩感，也因油脂富含不飽和脂肪酸，讓吃的人健康無負擔。

材料

豬五花 ——— 1片（約350克）
楓糖漿 ——— 50克
黃芥末醬 ——— 50克
白葡萄酒 ——— 30c.c

做法

1. 將楓糖漿與黃芥末跟白酒混和，抹在豬五花上面（可在豬五花上面利用牙籤戳洞，比較容易入味），醃2小時以上。

2. 取一平底鍋，鍋內放少許的油，開中火讓鍋內溫度上來，放下醃好的豬五花，先將兩面煎上色，之後開小火慢慢煎，約40秒翻一次面，至熟化後，將豬五花夾起，再將皮的部分煎至脆。

3. 將豬五花切成片狀，擺盤即可（可附上一些生的洋蔥絲一起食用）。

料理教室

讓豬好吃的秘訣，挑選很重要！

豬的經濟價值極高，從頭到尾都是寶，從肉、皮、內臟到骨頭，經過適當的烹調，都能展現出不同程度的美味。

挑選豬肉其實很簡單，一般來說，新鮮的豬肉具有彈性、顏色呈暗鮮紅色、脂肪的地方呈現白色狀，聞起起來沒有腥臭味。倘若是電宰前就已死亡的豬肉，相較之下肉質較無彈性、顏色呈褐紅色，甚至會飄散出腥臭味，脂肪的部位，則呈現渾濁的暗紅色或帶有血絲。

當然，要認明認明CAS優良肉品標誌的豬肉，或蓋上「屠體衛生合格」紅色印章，若是在傳統市場，也可以認明攤位上「衛生肉品電宰證明」，或到農委會所輔導的TFP生鮮豬肉攤購買，都是比較有保障的。

認識豬肉各部位

上肩肉①
是最常運動的部位，因此肉質稍硬，筋較多。通常切成片狀拿來熱炒，或是煮火鍋、切成丁狀來燉煮。

松坂肉②
就是豬頸肉，為現在單價最高的部位。油脂分布均勻，口感彈性十足，即使稍微烹煮過頭，也不會像一般部位，吃起來過柴。料理時通常是醃過，再簡單煎或烤至熟化即可。

肩胛肉③
俗稱五花肉，算是家庭主婦很喜歡的一個部位。帶有筋及油脂，肉質軟度適中，味道甜美，切片熱炒或切塊燉煮，都非常美味。

大里肌肉④

也就是牛排肋眼沙朗的部位。肉質柔軟風味佳，切片、切塊、切絲、切丁，或是整塊食用都非常適合，使用價值極高，因油脂較少，所以烹調上建議不要烹調過頭，以免口感變乾澀。

小里肌肉⑤

為牛排菲力的部位。口感細嫩，幾乎沒有油脂，所以深受老饕喜愛。但也因油脂太少，而缺乏了豬肉的香氣，最適合煎，或是沾粉製作成豬排來食用。

前、後腱肉⑧

筋多又硬，所以通常處理成絞肉，料理上可以做成漢堡排，丸子，清蒸，或是熱炒。

臀肉⑨

屬於後外腿的一部份，用法跟後腿肉差不多。較特別的是此部位的肉筋紋中途會改變，所以切割時要特別注意。

豬腳⑫

腳尖的部分，大多帶有豬蹄，所以處理時要細心處理乾淨。富含膠質，台灣料理方式，通常是煮湯或滷，國外則是沾上麵包粉來燒烤或是燉煮。

小排⑬

此部位的肉富含油脂，帶有軟骨。中式料理非常喜歡使用，煮湯、蒸、炸、炒都合適；西式料理處理時，通常會與肋排部分連在一起料理。

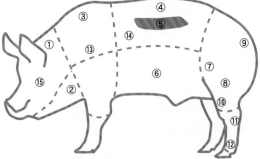

五花肉（三層肉）⑥

為豬肉油脂分佈最多的一個部位，因瘦肉與肥肉交錯在三層，所以又名三層肉。燙熟做成涼拌菜、燉煮成滷肉、燒烤成燒肉，風味都是一絕，西餐的培根就是用此部位製成。

後腿肉⑦

為豬腿內側較粗的部分（前腿肉亦是）。紋路明顯，筋較多，所以比較難切割，通常都是切成大丁狀來燉煮，有時也會切成薄片來當作火鍋料理使用。

腿庫⑩

大致呈現圓球狀，靠近膝關節處，通常會帶皮一起做長時間的烹煮。西式料理會將燉好的腿庫（通常稱為豬腳），炸過再烤，皮脆肉軟的滋味，讓許多老饕都難以抗拒。

豬腱⑪

類似雞肉的棒棒腿。口感扎實有嚼勁，適合帶骨一起燉煮，煮完形狀不易鬆散，很適合當作主菜來食用。

肋排⑭

在大里肌與小里肌連接處中間的那一排骨頭，肉質軟嫩，骨頭邊帶有柔軟的筋，燉湯時味道濃郁，燒烤也廣受喜愛。

豬頭⑮

富含膠質，包含舌頭，耳朵，會整顆頭一起下去燉煮，煮到膠質都出來後，將舌頭與耳朵取出加以處理後，再放回鍋中，一起攪拌，糊化後倒入模型，冷卻後冰起來做成凍，是西式最常見的料理手法。

05 / FLOWER

花
料理

帶著採摘下的豔紅玫瑰回到農舍外的空地，準備將花瓣摘下，弄碎後做成
果醬。章大哥拿起剪刀，準備開始前置作業，他說，試過各種方法，用手
撕不方便，速度也慢；用機器又會減低口感，只有用剪的較細，口感也佳。

食旅

南投埔里 玫開四度

食譜

甜菊玫瑰冰沙
蔬食玫瑰油醋沙拉
香煎鮭魚排襯玫瑰鳳梨莎莎

南投埔里 玫開四度

在愛與夢想的玫瑰園，吃下一口浪漫

中部地區規模最大、採用自然農法的玫開四度玫瑰園，就位在好山好水的南投埔里。埔里鎮位在台灣正中心位置，屬於四面環山的盆地地形，如果有看過電影「賽德克巴萊」，就知道它是進出中央山脈的重要關口之一，而玫瑰園就在前往仁愛鄉莫那魯道紀念碑的路上。

不施藥、不風吹雨淋的嬌嫩玫瑰

在鄉間小路上迷路了半天，全是因為低調的玫瑰園沒有招牌，若沒有章思廣大哥的指引，根本不可能到達。後來才知道，雖然有開放體驗，遊客一多反而無暇照應，章大哥想把心思專注在花卉種植上，因此，凡到此參觀，都得事先預約。

玫開四度位在山環水抱的絕佳位置，小小的房舍是章大哥夫妻居住處所，屋後種植大片香草自給自足，玫瑰花就種在不遠的棚室，被自己珍愛的田野、花草包圍，生活清幽的讓人羨慕。「能找到這塊土地，也是經過千挑萬選才決定的。我們這邊家家戶戶喝的是泉水，水質好、空氣流通，對種植上而言是相當棒的一件事！」章大哥笑說。

拿起工具領著我走入花園，他一邊介紹，手也沒閒著，「你看，它的枝太長，得修剪一下」眼光所至，該修該剪的都絕不放過，「當初我們找了兩百

多個品種自己買回來種，一個一個試口感，那時候不知農藥的恐怖，直到現在才知道害怕！至於國外品種的分辨與各國資訊的搜集研究，我都是靠google 翻譯」章大哥不好意思的說。

玫瑰種植實在不易，從開始品種的插枝到開花要一兩個月，經過修剪到收成時要兩年左右，直到第三年才開始有所收成。之前曾嘗試露天種植，但只要遇到下雨天或颱風天，損失真的不是一般人所能想像，現在有了棚子，花朵更能安心在裡面成長。

生物防治法，天然的食物鏈

早期台灣只種植觀賞用的玫瑰，農民

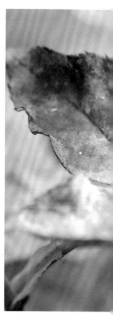

們習慣看到蟲就噴藥，遠比一隻一隻抓來得有效率，經過化學施肥與農藥除蟲，花朵完整，又肥又漂亮。而食用玫瑰是要吃下肚的，講求的是安全、健康，光是這點，就讓很多花農不願轉種植食用花卉。

據非官方統計，光是玫瑰的品種就有三千多種，包括國外帶回來的、自行試種等等，而在玫開四度園區裡，夏天跟冬天生產的比例可以差到三倍左右，因此在旺季時的摘收期更要好好把握，增加種植的良率，進而增加收益。

「不噴農藥，一定會有蟲害，這樣要如何照顧這些嬌嫩的玫瑰花呢？」我

好奇問道。章大哥說，除了一般花卉知識以外，他還研究昆蟲學，找圖鑑資料瞭解不同生物習性。「我們會用自然的生物防治法，利用大蟲吃小蟲，然後小鳥、螳螂再幫忙吃掉壞蟲的循環，所以看到蜘蛛網都不會去破壞，讓大自然的食物鏈來幫農作物防治各種蟲害。」章大哥解釋。然而，這樣的概念也不是一開始就有的，過去曾使用辣椒水、辛洛蒙，直到第四、五年，章大哥才開始用生物防治法。

難怪玫開四度的花房和一般想像中完美樣貌不太一樣，除了隨時要小心蜘蛛網，在花叢中也總能看到些小生物。走在花房的小徑中，我不小心把一個結

1. 章大哥利用生物防治法，以大自然的食物鏈來幫農作物預防蟲害。
2、3. 食用花為維持食用安全，不可施加農藥，但也因此花卉的外觀不如觀賞花卉來的完整、漂亮。

實的蜘蛛網弄破，頓時冒了一身冷汗。「牠還好啦，結了好久的網子偶爾被撥掉破壞，時間到了會再結回來的，不用擔心。」章大哥幽默的笑著說。

絕處逢生的玫瑰人生

不使用農藥種植花卉，真的是非常艱難的一條路，尤其是實行自然農法之初，更是充滿挫敗感。

剛創業時沒有現金沒有土地，靠的是東借西借撐起來，在那時候的計畫很簡單，預計種花兩年，再來種菜兩年，第五年再來開餐廳，所有的食材自己自足。然而，種花並沒有想像中

玫瑰花修剪

「關於玫瑰花莖的修剪，我們會去看它的生長方式，你怎麼樣剪，它以後就往什麼方向跑，要預想玫瑰花未來的生長方向及順序。例如像盲芽的部份雖然有長出來，但他不會長花苞、不會開花，得從此處開始修剪」，在剪刀噴灑些許酒精後，章大哥示範著。也因為晚上會有露水，修整時得抓45度角，利用剪斜能讓水分不留在芽點上。此外，修剪時，從芽點位置、養分供給到長度拿捏等因素都要考量在其中。

1. 玫瑰花除了可以作為料理中的裝飾，張大哥也將新鮮花瓣或乾燥花瓣研發成不同的商品。
2、3. 這裡的玫瑰花，吸引不少知名廚師前來取材。

容易，章大哥有感而發：「其實第一年我們就想放棄！但是這個東西是有前景的，想想，繼續去做就對了！」

有了這個念頭，他更積極跑市集、展場，為的是拓展玫瑰花醬等商品業務，有時候擺攤數天業績還是掛零，失落感旁人真的無法體會。面對龐大的財務槓桿，章大哥白天擺攤，晚上再幫人修電腦貼補家用的生活，這樣的生活硬撐了三、四年。

將花當作食材，許多人都會產生不少疑慮，之後，章大哥發現，只有自己成為一名「花卉專家」，才能讓消費者扭轉觀念。他開始將種植經驗分享在部落格上，漸漸的，引起了一些專業廚師的注意，發現他的玫瑰可以運用在不同料理之中，於是紛紛來電詢問，也讓他慢慢打開知名度。

手工玫瑰花醬的酸甜香滋味

帶著採摘下的艷紅玫瑰回到農舍外的空間，準備將花瓣摘下，弄碎後做成果醬，章大哥拿起剪刀，準備開始前置作業。章大哥說，他試過各種方法：「用手撕不方便，速度也慢，若透

【 買海鮮、買蔬菜 】

埔里第三市場、李記炭火豆花

地址：南投縣埔里鎮東榮路
營業時間：07:00～21:00

來到埔里第三市場的小巷弄中，空氣中瀰漫著各類疏菜氣味，此起彼落的小販招呼聲，攤位下樸實無華的現金交易，更令人感受到簡單生活的愉快。市場內的魚販，以俐落身手處理新鮮漁獲，浸泡在冰水中光亮的透抽，還有一大箱切好的魷魚片堆得老高，讓人忍不住停留。

緊鄰市場路邊的炭火豆花老店，攤車有著歷史留下的痕跡，老闆在軟綿綿的豆花上灑些花生，簡單好吃不造作，吃得出兩代相傳的古早味，也是逛菜市場的意外發現。

過機器處理又會減低它的口感，只有用剪的比較細，口感也較好。」。

除了一桌子剪碎的玫瑰花瓣，一旁還擺了檸檬汁、黑糖、開水。我跟著章大哥，在鍋子內先將糖炒出微微香氣，再倒入少許開水，放入我們剛剛剪好的玫瑰花瓣熬煮，最後倒入些許檸檬汁，等湯汁收乾成黏稠狀，待其稍微冷卻後裝入玻璃罐中就大功告成。

因為使用的是安全誤慮的無農藥玫瑰花，在自然農法的種植下，玫瑰花的顏色與香氣都誘人，也難怪吳寶春師傅會來此取材，將玫瑰花醬搭配荔枝，製作成聞名國內外的冠軍麵包。

奢侈一片的無毒食用香草田

章大哥知道我是西餐廚師後，神秘兮兮的領著我走到農舍後的香草園。

薄荷、鼠尾草、薰衣草、天竺葵、芳香萬壽菊、甜菊、瑞士薄荷、馬鞭草、奧立岡等，其中，台灣非常少見的新鮮食用花卉「琉璃苣」更是第一次親眼見到，非常珍貴。

玫瑰花醬製作

1 將玫瑰花瓣剪碎

2 糖先稍微炒過，待香氣散出，加入少許
開水，等糖溶化後，將剪碎的玫瑰花倒
入糖水中

3 倒入檸檬汁，等水滾後關小火，待水分
收乾成濃稠狀及可關火

使用玫瑰做食材，調置出充滿花香的料理。

章大哥隨手拿了甜菊與薄荷要我一起試試，接過一嚐「哇！是青箭口香糖！」章大哥笑著說：「這是最天然的口香糖！」我一直回味口腔中每一種香草的味道，味蕾一次又一次的衝擊，新奇的味覺感受讓我完全迷失在這片香草田中。

相較於香草，過去我對花卉向來沒有太多好感，總覺花卉除了觀賞，實用價值不高也無法長期保存。這次實地走訪玫瑰園後，心中不經多了份敬意，也懂得用不同角度去看待這些中看也中用的花朵。玫開四度不單單只是花卉種植而已，更是一座為圓夢而生的花園。

1. 除了種玫瑰，章大哥還有一大片香草園，常見香草與罕見香草皆有。
2. 琉璃苣無法適應台灣的氣候，因此不易生長，只能靠進口。能親眼見到新鮮的琉璃苣，是有如做夢般的幸運。

哪裡買
Where to buy

玫開四度
地址：南投縣埔里鎮牛眠里內埔路 2-2 號
電話：0933-420572（章大哥） 0972-359915（郭小姐）
網址：http://www.lohasrose.com/
宅配：回填訂單傳真至（049）242-0675

玫開四度玫瑰花

品種）中輪種的香水玫瑰
栽種時間）多年生，一年四季皆可種植與採收。
栽種方式）自然農法＋生物防治法。
食用方式）可佐料理食用，或可製作玫瑰花醬、釀醋、純露、精油。
品質特色）不噴灑農藥、不使用化學肥料，故玫瑰花安全無毒，天然香氣逼人。

食譜

甜菊玫瑰冰沙

跳脫果醬只能塗抹麵包的觀念，利用玫瑰果醬與冰塊一起打碎，加入些許威士忌，吃起來芳香中帶點微醺，從香草園中隨手摘下的甜菊，香氣濃郁甘甜，搭配其中清爽的不得了，當然，甜菊不易取得，也可以薄荷葉代替。

材料

玫瑰花瓣醬 —— 50克
甜菊 —— 3片
威士忌 —— 20c.c
檸檬汁 —— 20c.c
冰塊 —— 200克

做法

1　將玫瑰花瓣醬（也可改成各種新鮮果醬），與甜菊、威士忌、檸檬汁混和。

2　冰沙機內放入冰塊，加入調好的冰沙汁，一起打碎。

3　取出放入容器內即可。

食譜

蔬食玫瑰油醋沙拉

巧妙運用乾燥玫瑰花，利用它獨特的花香味泡在橄欖油中，再加上一點點檸檬汁，不但能充分定色呈現亮麗的色澤效果，更能增加風味。

材料

萵苣 —— 80克
綠捲生菜 —— 20克
玉米筍 —— 1根
牛番茄 —— 4片
小黃瓜 —— 4根

玫瑰油醋
乾燥玫瑰花瓣 —— 6片
洋蔥碎 —— 20克
檸檬汁 —— 30c.c
初榨橄欖油 —— 90c.c
鹽 —— 適量

做法

1 將萵苣，綠捲生菜撕成一口的大小，泡入冰水，約5分鐘後取出瀝乾備用。

2 將玫瑰油醋的食材混和，邊攪拌邊加入初榨橄欖油成玫瑰油醋，讓玫瑰花瓣至少在油醋內泡1小時以上。

3 玉米筍川燙至熟後泡冰水冷卻備用，牛番茄切成片狀，小黃瓜去籽切條。

4 擺盤，淋上玫瑰油醋即可。

食譜

香煎鮭魚排襯玫瑰鳳梨莎莎

鮭魚富含油質所以口感潤澤，蔬菜與玫瑰莎莎醬則有畫龍點睛的效果，是非常適合夏天食用的清新料理。

材料

鮭魚菲力 —— 250克
鹽,白胡椒 —— 適量

玫瑰鳳梨莎莎
新鮮玫瑰花瓣 —— 4片
洋蔥丁 —— 20克
小黃瓜丁 —— 20克
牛番茄丁 —— 20克
鳳梨丁 —— 20克
初榨橄欖油 —— 30c.c
檸檬汁 —— 15c.c

做法

1 將新鮮的玫瑰花瓣撕成小片狀,與其他材料混和成玫瑰鳳梨莎莎備用。

2 取一平底鍋,鍋內放油,開中火,將鮭魚調味後,放入鍋內煎,將四面煎至金黃色,到熟化。

3 擺盤,放上玫瑰鳳梨莎莎即可。

料理教室

食用花卉與香草的入菜、配色與點綴

香草、食用花卉擁有畫龍點睛的魔法，讓料理在滿足口腹之慾的同時，視覺、嗅覺也同時滿足。

用以食用的花卉和觀賞花卉不同，最重要的就是食用安全，不可有農藥殘留。食用花卉經常被使用在飲品中，經過乾燥或蒸餾提煉出露漿後使用，而在西式料理中，新鮮的食用花卉多數用來作為視覺上美觀的點綴，不經過加熱、烹調，除保留花卉本身的清香外，更保存其色澤與形體，讓料理呈現色、香、味俱全等更高一層的境界。

食用花卉與香草

薰衣草（Lavender）
花朵顏色呈現紫色，香氣強烈明顯，入口後，會有微苦的餘韻。整片的薰衣草田唯美壯觀，薰衣草的用途非常廣泛，新鮮的薰衣草可以當作裝飾、製作醬汁，乾燥過後，味道更濃郁，可泡茶或製作糕點。

馬齒莧（Purslane）
花朵呈現黃色，帶有淡淡的檸檬香，通常將花瓣直接拌入沙拉中來增添色彩及香氣。

春艷花（Claytonia）
花朵呈現白色，味道非常清淡，因花朵盛開時非常小，所以通常會連同葉片部分一起拌入沙拉中，或作為擺盤時點綴之用。

琉璃苣（Borage）
花朵呈現紫色非常漂亮，味道有點像是小黃瓜，因葉片的部分帶有毛，所以使用上時通常會將葉片切碎，再與花朵的部分一同放到料理中。一樣適合拌入沙拉或是拌入酸奶、其他醬汁內使用。

金盞花（Marigold）
花朵顏色呈現黃色，味道具有獨特的麝香味及淡淡的柑橘香氣，因為較大朵，所以使用上通常會將花瓣剝開來點綴，也可以將其風乾，拌入醬汁，增添迷人的風味。

香草（香料）四個主要作用			
矯臭	賦香	辣味	著色
是香料最重要的作用。可去除或蓋掉食材中某些令人不舒服的氣味。	爲香料最原始的作用，可賦予令人愉快的香味，爲料理加分。	因種類不同而有不同的性質，大致都能與香味一起刺激鼻舌，激發唾液與胃液的分泌，增進食慾。	爲料理帶來新的顏色，增加視覺上的刺激，增加食慾。

金蓮花（Nasturium）
花朵顏色呈現紅或黃色，味道帶有非常淡的胡椒甜味，通常只用來裝飾使用，或是浸泡在醋中，用以取代酸豆使用。

迷迭香（Rosemary）
呈現針葉狀，味道非常濃郁，所以在料理時通常不會加太多，建議剁碎後再加入，口感較好。適合蔬菜料理或是羊肉、家禽類的料理。

奧立岡（Oregano）
又名比薩草，非常適合番茄料理。香氣濃烈，帶有些許苦味，搭配魚、肉類料理時可以達到矯臭的效果。

薄荷（Mint）
是最受歡迎的香草之一。味道清涼、甜美，薄荷腦含量越多的品種，味道越重。適合用於沙拉、甜點、冷菜中。

月桂葉（Bay leave）
通常都是使用乾燥的葉片，味道會變得比較強烈，任何需要長時間烹煮的料理，都可以放入月桂葉，烹煮時煮越久，月桂葉的苦味就會越強烈，所以當味道出來後，應立即將月桂葉取出。料理時應該選擇葉片完整的月桂葉，味道較好。

百里香（Thyme）
又名麝香草，顧名思義就是香味傳百里。台灣最常使用的是檸檬百里香及花園百里香，散發出淡淡的麝香味。百里香適合搭配各種食材，所以當料理時不知道該加哪種香料時，百里香就是最好的選擇。

羅勒（Basil）
散發出一種陽光、溫暖的氣息，台灣的九層塔，就是亞洲羅勒的一種。基本上所有料理都適合，連飲料冰品上都有人在使用。

蒔蘿（Dill）
有明顯的大茴香與淡淡的檸檬香味，可替沙拉調味，或是點綴裝飾，特別適合搭配魚類料理，尤其是做醋漬魚時，絕對少不了它。

鼠尾草（Sage）
葉片呈現橢圓形，表面有絲絨狀的柔毛，氣味芳香，最適合豬肉類料理，但其實魚類、雞肉、羊肉類也都非常適合。

荷蘭芹（Parsley）
台灣最常使用捲葉荷蘭芹及平葉荷蘭芹這兩種。平葉的味道較強，兩種使用方法都差不多，莖的部分是高湯的基本材料，葉片部分，通常都是剁碎或切絲，再灑入料理中來增添風味及顏色，幾乎每一個西餐廚房內，都有荷蘭芹的蹤跡。

06 / CHICKEN

雞肉料理

屋後的整座山，儼然就是一座雞的運動場，這些雞隻每天都在自然的環境中追逐跑跳，有十二週以上的時間，都是野放在外。渴了就喝山泉水，累了就躲到樹蔭下休息。因為身在寬廣的空間可以運動，肉質特別有彈性。

 食旅

高雄美濃 人字山養雞場

 食譜

檸檬葉鳥蛋豆雞肝烤半雞
麥年式雞排附甜椒醬汁

高雄美濃 人字山養雞場

喝泉水吃番茄 大自然就是運動場，
伙食辦太好的好命雞

大概是過去在菜市場接觸活體牲畜的印象，記憶裡空氣中總瀰漫著令人掩鼻的惡臭，但這一路上一絲絲令人皺眉的氣味也聞不到，納悶之餘我下了車，並且對了一下手邊所抄的農家地址。沒錯啊！應該是這兒沒錯！但怎麼沒有雞呢？也沒有養雞的雞屎味？我的心裡充滿疑問。

沒有臭味的幸福雞場

站在農舍前的廣場，深吸了一口氣，每一口氣真的又乾淨、又舒服。本以為要走一下子才到達得了傳說中的人字山雞場，沒想到，雞群們就在農舍正後方。

走在雞群裡，既有劉姥姥逛大觀園的新鮮感，又很怕這些公雞大哥、母雞大姐對於我這個外來的不速之客，會冷不防的偷襲、偷啄，但我的擔心顯然是多餘的，這些雞若無其事地在腳邊走來走去，十分自在！反倒是我這個帶著興奮又有些害怕的陌生人，在一片祥和、悠閒的農村景象中，顯得有些格格不入。

自然放養，滿山盡是雞群的遊樂園

環顧四周，除了山坡地與周邊種植的植物外，沒有高聳的圍籬，也沒有狹窄的牢籠，這屋後的整座山，儼然就是一座雞隻運動場。這些雞每天都在

最自然的環境中追逐跑跳，在飼養過程中，有十二週以上的時間都是野放在外。渴了，就喝山泉水，累了，就躲到樹蔭下休息。「這些雞有寬廣的空間可以運動，因此肉質吃起來也會特別有彈性」劉媽媽笑說。

農場裡的雞有分母雞和閹雞兩種，而閹雞有珍珠雞、九斤雞和土黃雞三種品種。一般母雞養到四～五個月即可食用，其肉質較為鮮嫩；而閹雞（公雞，一般又被稱為太監雞）則需養至八個月才算成熟，吃起來肉質比較有嚼勁，但沒有腥味。身為廚師，以往我們在飯店拿到的食材，通常都已經是肢解好的冷凍肉品，別說不知食材原

1.雞場裡的閹雞有珍珠雞，九斤雞，以及土黃雞三種，肉質較有嚼勁。

2、3.在這裡雞是自由的，可以到處遊走。

先的長相，可能連牠們是什麼品種都不是很清楚，能這麼近距離地觸碰活跳跳的食材，這還是頭一遭。

初次聽到劉媽媽介紹「珍珠雞」，還以為這種雞脖子上長了一圈東西，活像一條珍珠項鍊，又或者，不知道是來自於哪個古老皇室的珍貴品種。跟著劉媽媽進到雞棚裡一看，才知道原來珍珠雞這個名稱，其實跟晶瑩剔透的「珍珠」，一點關係也沒有，珍珠雞的頸部沒有毛，看起來就像火雞一樣；

據說牠們吃起來肉質較為飽滿，甜嫩中帶著鮮脆，其體內富含人體所需要的氨基酸、蛋白質，而且所含的維生素比例還比家雞高了一倍以上。

不過比起「頸上無毛」的珍珠雞，我更愛「雄赳赳、氣昂昂」的九斤雞。九斤雞的體型非常壯碩，毛色也非常漂亮，據說其肉質吃起來的口感比一般的土雞油脂更多，更為好吃。大概也是因為這樣的緣故，農場裡的九斤雞大都已訂購一空，剩下不到幾隻。

自給自足的小菜園

在美濃，每戶人家多多少少都會種些蔬菜自給自足，他們會把盛產的菜採收起來擺在自家門口賣，或跟鄰居交換不同的菜色。劉媽媽的菜園裡，有南瓜、高麗菜、茼蒿、青椒、橙蜜香番茄、黑甜仔菜（學名龍葵，生長在田邊旱地，是鄉下居民喜愛的野菜之一。）等，應有盡有。劉媽媽拿起了一株葉子細細的菜，她說客家話叫做：「ㄧㄢ／ㄒㄧㄟ」，是客家人常用的香菜，湊近一聞，果真有股濃郁撲鼻的香氣。

1. 以高粱酒糟、玉米、米糠、黃豆粉、芝麻粉等天然飼料餵養，雞隻健康有抵抗力，雞舍也沒有臭味。
2. 新鮮的番茄也是受雞群喜愛的食物。
3. 替雞隻們加菜的時間到了。

吃得健康，提高雞群抵抗力

農場裡蓋了幾間雞舍，主要是給未滿一個半月的小雞居住。在小雞還未長大前，老鼠、老鷹、貓頭鷹、蛇等都是牠的天敵，所以得小心保護才行。劉媽媽說，雞跟人一樣都怕感冒，當天氣變化，忽冷忽熱的時候就得小心照顧，因此她平時都會泡活菌或是紅糖、醋來給這些雞喝，以提高牠們的免疫力和抵抗能力。

牠們吃的都是最天然的飼料，既不含抗生素，也沒有抗菌劑。我跟著劉爸爸一起把混和著高粱酒糟、玉米、米糠、黃豆粉、芝麻粉的飼料，倒進雞的飼料盆裡，一看到食物，雞就紛紛圍了上來。劉爸爸說，雞舍的味道其實跟雞所吃的飼料有很大的關係，他們給雞吃的，是健康的食物，所以他們的排泄物不臭。

突然，我看見一隻白色的母雞，噘著紅紅的屁股從我面前走過。奇怪！我只聽說過猴子有紅屁股的，倒沒聽誰說過母雞也有紅屁股的。我問劉媽媽，那隻雞是生病了嗎？「喔！那不是生病啦！是她正準備下蛋。」劉媽媽

一臉淡定的回答我。

我蹲了下來，對著母雞的屁股，摒息等待著。由於雞場的雞都是天然放養，所以劉媽媽說，當雞生蛋的時候，他們就得到處去撿；有時候母雞把蛋藏得太好，沒有被他們找到，過沒多久，就會演變成「母雞帶小雞」的有趣畫面。

吃得好，懂得享受的福氣雞

今天，剛巧遇到劉爸爸的親戚開車送來了自己種的橙蜜香番茄，給雞群們加菜。

這些是番茄園裡已經熟透、裂開，無法販賣的番茄，給雞吃一點都不浪費。拾著一桶桶黃橙透亮的番茄，我與劉爸爸一起加入餵食的行列，傍晚的夕陽照得農場裡閃耀著金光，雞群們簇擁在我的腳邊，喜孜孜地大啖著幸福的橙蜜番茄。

我請劉媽媽教我如何分辨雞的公母，她說，「公雞的體型較大、雞冠比較大、毛色比較漂亮，而且比較兇；母雞的雞冠較小。」聽起應該十分簡單易

1. 劉爸爸的親戚的番茄園，不時供應著外觀受損、過熟的番茄給養雞場。
2. 將空桶子裝滿，在原有的飼料盤中加入剛運下車的飽滿番茄。

懂，但我仔細觀察了半天，還是覺得雌雄難辦。我想對於我這個門外漢來說，只有跟牠們短短幾天的相處，真的比不上農家數十年所累積下來的經驗，這樣的知識不在書裡，往往都要靠身體力行才能得到。

帶著珍惜的心，感受食材的溫度

剛剛才餵飽牠們，但殘酷的時刻來臨時還是得面對。腦袋閃過了千百種可能，不是追著雞滿山遍野飛奔，就是雞為了生存對我發動攻擊。經過雞場主人劉爸爸的技術指導，發現抓雞一點都不難，先用鉤子勾住雞的其中一隻腳，然後再把雞的兩隻腳抓住，才不一會兒功夫，兩隻雞就手到擒來。

這些雞真的很溫馴、也很認命，一被勾住就束手就擒了，不奔跑、也不大叫，似乎也知道自己的時間到了，從容地接受命運的安排。

我想動物跟人一樣有靈性，你給牠們什麼，牠們就會回饋你什麼；只要你是用心的餵養，牠們就會用最好的肉質來回饋你。雖然很殘忍，但牠們短暫的一生都在自在開心環境中奔跑成長著，也許生命終將結束，但當我們抱著珍惜與感激的心去處理、烹調，牠們也會覺得自己的生命結束地很有價值吧！

經過劉媽媽熟練地宰殺、放血，清洗雞隻後的地面留下了細細的沙粒。劉

1、2.劉爸爸在一旁指導，告訴我抓雞很簡單，只要拿鉤子勾住雞腳，再兩腳一起抓住就行了。
3.抱著珍惜與感激的心情處理、烹調，雞的生命是富有尊嚴與價值的。

哪裡買
Where to buy

美濃人字山養雞場
地址：高雄市美濃區圓山街12號（中正湖附近）
電話：（07）681-7956、0963-393018（劉太太）
網址：http://www.339.com.tw/len956.html
宅配：黑貓宅急便-冷凍，貨到付款

媽媽說，雞要吃小石頭來幫助消化，因為牠們沒有牙齒，無法咀嚼，食物經牠們的嘴喙啄起後直接吞下，小石頭與食物就在雞的砂囊裡混和磨碎，幫助消化和吸收，而所謂的砂囊，其實就是平常我們所吃的「雞胗」了。

處理完拔下的雞毛，劉媽媽說就是壯大劉家菜園的最佳養分，從哪裡來，最終又回歸到哪裡，這就是一個最自然的循環。

從劉媽媽手中接過處理好的雞肉，當刀子從片開的雞胸肉劃過去，這時一手拿刀、一手摸著雞肉的我頓時驚叫起來：「天啊！這雞肉裡面還是溫熱的耶！」我興奮地拿著手上切好的雞胸肉激動的大喊。

以往我們在餐廳拿到的雞肉都是冰冷的，對我而言它就只是一個料理的素材，在參與了飼養過程後，這麼新鮮的溫體食材，料理時更應該以更崇敬的心，好好的料理它，才不枉費雞兒們的一生。

台灣常見雞種類

放山雞

產地）本土生產。

飼養時間）約四～八個月。

飼料種類）高粱酒糟、玉米、米糠、黃豆粉、芝麻粉。

雞隻品種）母雞和閹雞（閹雞又分珍珠雞、九斤雞和大黃雞）。

烹調口感）雞胸肉烹調至九分熟可呈現鮮嫩多汁的狀態。雞腿肉肉質充滿彈性，帶筋與油脂，可長時間烹煮。雞翅富含膠質，適合拿來炸跟烤。

品質特色）放山雞強調安全、健康（不打生長激素），活動與生活空間寬廣，不易互相感染且肉質有嚼勁。

土雞

都是以野放的方式飼養，所以運動量較大，肉質相對的比一般肉雞來的厚實、耐煮。目前一般市售所稱呼的土雞，並不是一個品種，而只是養雞界、雞商與消費者對台灣一類雞隻的稱呼。牠們通常有大而直立的單雞冠，金黃至紅色或其他花色（一般以金黃為多）的羽毛，腳脛為銀色。公雞重達約兩公斤，母雞則約1.5公斤時才會宰殺販賣。

烏骨雞

可分為黑毛烏骨雞、白毛烏骨雞、斑毛烏骨雞等，統稱為絲羽烏骨雞，為中國古老雞種之一。烏骨雞頭小、腳矮、頸短，外貌具有很多特徵，如烏骨、烏皮、烏肉、藍耳、鳳頭、毛腳…等。其適應性強且外型美觀、肉質鮮嫩，很常與中藥一起入菜。

珍珠雞

肉髯（也就是雞的下巴肉）與雞冠呈紅色小片，眼睛較小，體型圓頓，腳脛為黃色，頸部裸露沒有羽毛，故有裸頸雞之稱，毛色通常是淺褐色或紅褐色。口感較土雞來的細嫩，但因飼養成本與雞種成本較高，所以單價也是比較高。

九斤雞

顧名思義，成雞都大約可以長到九斤重，雞腿高粗壯，頭大，冠色有烏、紅兩種，羽毛有粟麻和黃麻兩種顏色，體型雖大，但肉質鮮甜、油脂豐富，所以無論燉湯或是白斬，都非常適合。

【買花豆】
美濃傳統市場

地址：高雄市美濃區中正路二段50號（美濃舊橋旁）
營業時間：攤販較為集中的時間為上午，午後有零星的水果攤與菜販

美濃的傳統市場集中於美濃舊橋旁，每天早上，這裡就會有許多賣菜、賣肉、賣水果的攤販聚集。美濃的客家人多，所以菜場裡也常可見到福菜、野蓮、油蔥酥、醬菜、板條等客家風味食材。

攤子上有一對母子正勤快地剝著長長的豆莢，將撥出來的豆子盛在盆裡，一問之下才知道這個被俗稱為「鳥蛋豆」的豆莢，就是我們一般刨冰料裡面常見的花豆。 以往在餐廳也曾接觸過這種食材，但大都是乾貨，料理前必須先泡開，才能做後續的調理烹煮。

在市場中，也能買到製作客家人傳統料理「封菜」的材料。所謂「封」的意思，就是將食物密封在容器內，不掀鍋蓋，用小火一直烹煮至軟爛為止。大大的鍋子裡，同時放入了豬腳、雞肉、高麗菜、冬瓜等食材一起烹煮，過年的時候，一鍋滷起來就可以變出好幾樣菜色，十分方便；因為怕蔬菜久煮會化掉，所以大都會切成大塊燉煮，燉煮的食材，可依節令、喜好而有所調整。

新裕興製麵廠

地址：高雄市美濃區中正路一段200號（美濃國中對面）

電話：（07）681-2340、0918-527183（數量有限，請先預訂）

營業時間：週一至週五，07:00 ～ 21:00

隱身於一排不起眼透天厝中的小店面，是我們採買麵粉的地方，才剛走近，淡淡的麵香就飄了出來，門口擱著一台古老的製麵機，上面還留有麵粉餘下的白色粉末和懸掛麵條的竹棍，這是美濃僅存的傳統手工製麵廠，已有五十多年的歷史。

老闆娘說傳統手工製麵得「靠天吃飯」，製作過程完全不加防腐劑，製作完成的濕麵條，必須需經過日光曝曬讓它自然乾燥，才能耐久存放。

跟著老闆娘的腳步來到頂樓，麵條在竹篩上正一個個排開，吸收著大量陽光，拿起一團麵條湊近鼻子一聞，熟悉的麵香裡揉合了一股暖暖日照香氣，這些傳統的老手藝，雖比不上現代機械大規模量產的速度，但透過人與自然界的互相調和，保留下了機器無法複製的好味道。這是老一輩遵循傳統、隨順天氣、不求量產所留下來的堅持。

檸檬葉鳥蛋豆雞肝烤半雞

在後山操場運量十足的雞，喝天然的水、吃健康的飼料，外加上現吃現宰，肉質Q彈，不需要繁複的烹煮手法或過多的調味，就能吃到雞肉本身的鮮甜，加上簡單的檸檬葉一起烘烤，散發著淡雅的檸檬香氣，簡單卻優雅。

材料

半雞 —— 1 隻
檸檬葉 —— 6～8 片
蒜頭 —— 40 克
洋蔥 —— 80 克
鳥蛋豆（花豆）—— 100 克
雞肝 —— 2 付
鹽，胡椒 —— 適量
高筋麵粉 —— 20 克
白葡萄酒 —— 50 c.c

做法

1 將全雞對半，或可以直接買半雞，在一半的雞皮上撒上鹽，胡椒調味。

2 接著在皮與肉的中間塞入檸檬葉及些微蒜片，最好醃製4小時以上。

3 洋蔥切大丁，與蒜仁，檸檬葉鋪在烤盤底部，放上半雞，放入烤箱上下火約150℃，烤約30分鐘，想要上色更漂亮的話，大約每10分鐘時，將底部流出來的油回淋在皮上。

4 燒一鍋水至滾，將鳥蛋豆川燙約2分鐘後取出，雞肝切成丁狀，鹽、胡椒調味，沾上麵粉，利用平底鍋，鍋內放入少許油，用中火將雞肝炒上色，這時雞肝大約6~7分熟，取出後備用。

5 洋蔥切小丁，蒜頭切小段，利用剛剛炒雞肝的鍋子，再加入少許油，開中火來爆香洋蔥與蒜頭，香味出來後加入白葡萄酒燒製無酒精味後，放入燙好的鳥蛋豆及炒好的雞肝，用鹽，胡椒調味，翻炒至雞肝全熟即可。

6 將炒好的配料鋪底，放上烤好的半雞，要食用時將檸檬葉取出即可。

食譜

麥年式雞排附甜椒醬汁

麥年 (Meuniere) 是一種傳統法國家庭料理的做法，是由一位法國老太太無意間發展出來的，其實就是將食材沾裹上麵糊的一種料理方式。和其它一般麵糊不同的地方，是麵糊中加入了少許的檸檬汁，讓麵皮帶有一些酥脆的口感，也能讓雞肉就算煎過後也能保有水分與嫩度。

材料

雞胸肉 —— 1付
鹽，胡椒 —— 適量

麥年式麵糊
麵粉 —— 120克
檸檬汁 —— 15c.c
水 —— 100c.c
雞蛋 —— 1顆

甜椒汁
初榨橄欖油 —— 10c.c
洋蔥 —— 30克
蒜仁 —— 15克
甜椒 —— 1顆
水 —— 100c.c
鹽 —— 適量

做法

1　將雞胸肉利用刀子劃幾刀方便入味及熟化，用胡椒，鹽兩面調味，備用。

2　利用鋼盆與打蛋器，或是果汁機，將麵糊部分打勻。

3　甜椒放在爐台上開火，直接接觸火烤至全部焦黑（利用噴槍也可以），沖水去掉外圍焦化的皮，去籽切成大丁狀備用。

4　取一平底鍋，鍋內放入初榨橄欖油，開小火，低溫炒洋蔥丁及蒜仁，香氣出來後放入甜椒丁及水，滾後約煮3～5分鐘後，調味，利用果汁機打成醬汁。

5　取一平底鍋，鍋內放油，開中火，將調味好的雞胸肉沾上麥年式麵糊，入鍋煎至上色，之後翻面繼續煎至熟化。

6　擺盤後，淋上甜椒汁即可。

料理教室

雞肉不同部位，口感各異。

自2013年五月改採電宰禽肉後，追求現宰溫體雞肉的老饕們，確實擔心再也吃不到「真正的」雞肉了。其實，雞肉好吃的主因與品種、飼養方式有關，就算是冷凍雞肉，只要選擇較好的雞種，並在烹調時掌握必須完全解凍再烹煮、在烹煮前先用清水將體腔內洗乾淨，接著放入滾水裡燙過後，再以清水洗淨等幾個訣竅，如此一來不但可去除雞肉雜質，也可以避免腥羶味，將雞肉安心、美味

雞肉是最不容易因烹調失敗而變得難易入口的肉類，台灣人不喜歡的雞胸肉，其實含有豐富蛋白質，更是優脂無負擔的首選。

雞的各個食用部位

雞胸肉①

為蛋白質含量次多的部位，幾乎沒有油脂。由於吃起來健康不易胖，是歐美國家最受歡迎的部位，但台灣人反而沒那麼喜愛。因烹調的手法不相同，台灣人習慣將食物烹調的時間稍微拉長，來確保熟度，常常讓胸肉煮過頭，而導致吃起來時非常乾澀，建議在烹調時，烹煮到九分熟時就取出，剩下的餘溫會讓熟度達到剛好熟且鮮嫩多汁的狀態。

雞腿肉②

為雞隻最常運動的部位，肉質充滿彈性，帶筋與油脂。烹調時即使時間過長，還是充滿彈性，口感及肉味十足，深受台灣人喜愛。反觀，歐美國家對雞腿肉的接受度低。因為運用與雞胸肉相同的方式來烹調，雞腿肉反而太有彈性，多筋難咬，加上外國人不太喜歡吃雞皮，根本不會選擇此部位。雞腿肉是適合煎、煮、炒、炸、烤烹調方式的部位。

的吃下肚。

閹雞比較好吃嗎？

由於閹雞的皮下脂肪堆積較少，皮脆、肉質鮮甜有咬勁，風味絕佳，在台灣有許多愛好此味的饕家。一般來說，選用不分品種的公雞，在長成至六到八週時，手術將睪丸取出，就成為閹雞。這麼做是因為當公雞在進入性成熟期後，因雄性荷爾蒙增加，而喜愛打鬥，除可能影響生長，若受傷、流血也會影響外觀，而閹過之後不只性情較為溫順，肉的質量也會變得細致柔軟、多汁甜美。而在烹調時，也多以白斬雞等方式，展現純粹的肉質美味。

雞翅③
共分為三段，富含膠質，三段的口感都不同。對於雞翅，其實有一群特別愛好者（通常是女性），這部位最適合拿來炸跟烤，由於翅膀也是雞隻經常運動的一部份，所以吃起來口感及肉質都不會輸雞腿。

雞腳④
富含膠質、鐵質，脆骨的部分也別具風味，適合拿來燉煮、滷。

雞柳⑤
在雞胸肉內側的兩條肉，也等於牛肉菲力的部位，是雞肉部位裡最嫩的一塊肉，也是蛋白質含量最高的部位。不過因體積小，不太可能一條雞柳就當作一道菜，也因柔軟度與雞胸差異不大，所以通常消費者都會選擇雞胸，而不會專程買雞柳。適合烹調的方式為炒、炸跟煎。

雞肝
含有豐富的維他命 A、B1、B2 及 C 適合拿來煎及燉煮。

雞胗
其實它是雞的砂囊，是負責把飼料攪碎，同時處存進食時吃下其它雜質的器官，必須去掉內臟及腺胃才能食用。口感較硬，只適合用燉煮或滷的方式料理。

雞心
因為心臟有很細密的心肌組織，吃起來特別有口感，沒有腥味，適合燉煮的烹調方式。

雞皮
通常分為頸部及頸部以外的皮，皆富含蛋白質，但頸部以外的皮（胸跟腿部），營養成分更多了些礦物質及維他命。使用時要去除多餘的脂肪，適合炸跟烤。

07 / EGG

雞蛋料理

彩色蛋的祕訣，就在於運用不同雞種，經過繁複的系統配種，透過血液酵素轉換，蛋黃與外殼自然形成不同顏色與斑點，蔡大哥說，這樣配種出來的蛋，不只天然與色澤漂亮，還色香味俱全，生吃帶點淡淡的昆布味。

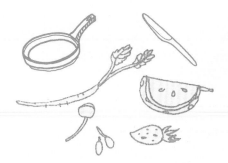

食旅

彰化埔鹽 桂園自然生態農場

食譜

雞蛋蔬菜燒
培根蛋奶燴洋芋

彰化埔鹽
桂園自然生態農場

生態循環，養出珠寶般的彩色蛋

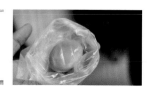

埔鹽鄉農業、畜牧業發達，所產出的雞肉及雞蛋足以供應全台所需，其中肉雞約六十萬隻、蛋雞約二十五萬隻，每天日復一日的生產。

而佔地四分半的桂園自然生態農場，是埔鹽鄉農會輔導下的蛋雞專業養殖場，園區裡分為養殖區、觀賞區、展示區，蛋雞約兩萬隻，從民國六十九年開始從事蛋雞養殖，到了第二代蔡大哥手中，更引進許多國外先進技術，讓養雞場更現代化。

一顆蛋，五百萬

「養雞不是我內行的，我是回來承接家業。」蔡大哥原本是從事玉石業，收入豐厚，卻因父親準備退休，雞舍無人接手，便放下的原有的事業回家接班，而這一做，就超過十五年。

接手之後，他開始思考為什麼雞一定要放在籠子？於是試著讓蛋雞到果園草地上盡興的活動奔跑。觀察了一陣子，發現原本養在籠子裡的雞一百天可以產八十顆蛋，在果園跑的雞，雖然一百天只能產五十顆，品質卻相對變好了。

接著，蔡大哥試圖把傳統產業再進化。某日，他在聖經創世紀篇裡，突然讀到有許多不同顏色的羊，靈機一

動，觸發他研發彩色蛋的念頭，而如今，從一開始發表的十二種顏色，到現在竟然已經高達七十種。

「這一顆蛋，我花了五百萬研發！」蔡大哥拿出一籃彩色蛋說道。「哇，五百萬？但是它不就是靠染色嗎？」我看著紅黃藍各種顏色的雞蛋，不可置信的問。對於我的質疑，蔡大哥不但沒有生氣，還笑咪咪地回答：「若靠一顆顆染色，光是撿蛋再染色就要弄到腰酸背痛，哪來這麼多閒功夫？」

原來，彩色蛋的祕訣，就在於運用不同雞種，經過繁複的系統配種，透過血液酵素轉換，蛋黃與外殼自然形成

不同顏色與斑點,這樣配種出來的蛋,不只天然與色澤漂亮,還色香味俱全,生吃帶點淡淡的昆布味。

彩色蛋,是食材也是美妝產品

但緊接著,蔡大哥又思考起下一步:「賣雞蛋還能夠銷到哪裡去?它是有新鮮度、實效性的。但若做成美妝品是不是就能銷到全世界?」雞蛋對我來說算是不陌生的食材,但我還真不知它可以做成美妝保養品。

於是,他想到可以萃取雞蛋成份做多次加工:「一次加工做成卵磷脂,可以放三年;二次加工做成美妝品,又可以再放三年,這樣就可以把農產品銷

到國外去。前陣子到國外參展還沒有看過人家這樣做的,我們是第一個。」蔡大哥說著自己摸索出的這條路。然而,研發是一條不歸路,縱使面對許多反對意見,仍堅定理念朝目標邁進,他花了近九年的時間,一直往前創新,至今,仍持續創造著不同的雞蛋產品。

聊著聊著,蔡大哥拿了彩色蛋做成的布丁要我嚐嚐,裡面真材實料完全不加一滴水,吃得到濃濃蛋香與綿密口感,雖然不加香料、色素、防腐劑,不能久放但也因此吃得健康。他提起日本老師曾說過的的一句話:「自己都不敢吃,怎麼敢賣別人?」,這就是他一直謹守的原則。

1. 親切、熱情的蔡大哥，毫不吝嗇分享多年研發經驗。
2. 彩色雞蛋布丁，不添加任何一滴水製作，香氣濃郁口感綿密。
3. 耗費至少500萬才研發出的彩色蛋，不是靠染色而是藉由配種與血液酵素轉換而成。

小雞豪宅，貼心設計好健康

跟著蔡大哥的腳步來到開放參觀的雞舍，沿途經過許多鐵籠，裡面養的雞來自世界各地，包括波蘭原雞、北京油雞、白絲羽宮廷雞、金銀雞等，簡直就是雞的共和國，全都是為了研究雞隻品種苦心搜集而來的。

雞的住宅比想像中的要舒適，分為傳統雞舍、歐盟式雞舍、日本式雞舍，每天生產一萬三千顆雞蛋。一般農家養雞都要保溫，在這裡則不用。蔡大哥說：「我的雞舍採用無耗能的特殊設計，屋頂的弧形設計讓熱空氣散出，同時也加速對流將冷空氣從下方拉進，讓雞舍形成三個氣候帶。」他指著雞舍解釋：「這三個氣候帶包括熱帶的陽光直射區、溫帶的斜屋頂區和寒帶的弧形屋頂區」，如此設計，讓蛋雞可隨自己體質選擇棲息於熱帶、溫帶或寒帶氣候區。

利用建築設計控制雞舍內的溫度，無需使用電力，節能又減碳，而按大自然的法則，雞隻們「日出而作，日落而息」。此外，能量水製造機與力丸能量水的提供，都讓雞隻們生活在無壓力、充滿能量的五星級雞豪宅。蔡大哥透過不斷嘗試與技術研發，出國進修學習，讓農業走向現代化。

「這是很大的風險，但我還是這樣做，日本行我們台灣不行嗎？一定要失

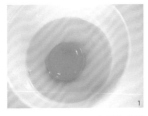

1. 蔡大哥說市面上顏色鮮艷的蛋黃不見得就代表健康，也有可能是添加了人工色素。

2. 蔡大哥為了研究，搜集各國雞隻品種，漂亮且珍貴。

3. 園區內的雞隻都不怕生，每個人都可以近距離接觸。

4、5. 農場中除了可以親眼看到、嘗到色澤多變的彩色蛋，還兼具寓教於樂的功能，讓大人小孩認識、接觸不同品種的雞隻。

敗才會成功」。飼養方式、觀念、產品、行銷完全與市場做區隔，就是要走一條新的路。

不打藥，
靠飼料替雞隻養生增加抗體

他的構想，是希望養雞能不用打疫苗就能讓健康成長，這一點，就得飼料部份費心。看看牧場裡這些尊貴的雞隻們吃得可好了，蔡大哥在飼料中，依照氣候不同添加鳳梨酵素、活性碳、木醋液、益生菌、藍藻、綠藻、多醣體、靈芝、辣椒、胡蘿蔔素、深海蝦殼、天然維他命、大蒜、洋蔥、香椿等配方，讓雞可以更健康、更有抵抗力。

「市面上很多雞蛋的蛋殼或蛋黃顏色比較黃或紅，這樣代表雞或雞蛋很健康嗎？」我滿腹的疑問。蔡大哥回答：「許多業者聲稱是加了胡蘿蔔素讓蛋黃變黃、變紅，但其實是添加了人工色素卡洛肥紅，吃多了對人體是有傷害的。」，他認為要讓產出的蛋富含營養成份，得從一開始養雞的源頭著手，以人道方式養殖，雞隻快樂自然就有健健康康的雞蛋產出。

我發現蔡大哥的雞舍沒有任何異味。

他說：「那是因為我們在乾淨無污染

1、2.這裡的雞隻吃得很好，不只飼料乾淨無污染，還添加了益生菌、酵素。
3.用農場的雞蛋做了一道料理，讓蔡大哥品嘗。

的飼料中加入了益生菌、酵素，不但讓食物能有效地消化吸收，還能將壞菌從腸道中趕出，連排泄物都是健康的。同時在雞活動的環境四周、床土放養活菌，利用微生物分解排泄物，抑制氨氣（阿摩尼亞）產生，你有看到滿地的雞屎嗎？都被分解光啦！」。因為健康的環境、健康的飲食，雞隻抵抗力強不容易生病，自然也就不需要施打任何藥物。

拒絕毒食材，一切回歸自然原始

曾有國外朋友在逛完夜市一圈之後，對蔡大哥說：「台灣人這樣吃，怎麼能夠活？」原來，台灣小吃最多的，就是內臟與施打藥物的部位。「荷爾蒙最高第一個是雞屁股、第二個是皮、第三個是脖子，而一般最沒有藥物殘留的是雞胸肉部位。此外，台灣人還愛吃雞腳、雞翅，許多外國朋友看了都很不可思議！」

不單單只專注在養雞事業上，蔡大哥更關心現代人吃了太多不必要的添加物，因此致力於無毒食材概念的推廣。他拿出幾本雜誌，上頭有各種水果蔬菜的農藥殘留數據，看著看著，我的心也跟著涼了一半。

我們總是不知不覺吃下太多毒素，長久下來對身體也有不少害處，如同一道料理要好吃，除了烹調技術之外，仍要回顧健康食材的選用，不用華麗的烹調方式，只要簡單調味自然就吃得安心。

哪裡買 Where to buy

桂園自然生態農場
地址：彰化縣埔鹽鄉南新村好金路3巷27-3號
電話：(04) 865-0823
網址：http://www.coloregg.com.tw
宅配：網路購物下單

桂園彩色蛋

雞蛋種類）青殼雞蛋、烏骨雞蛋、土雞蛋、橄欖綠殼雞蛋。

配種原理）運用不同雞種，經過繁複的系統配種，透過血液酵素轉換，產出不同色蛋。

飼料特色）在飼料中，依照氣候不同添加鳳梨酵素、活性碳、木醋液、益生菌、藍藻、綠藻、多醣體、靈芝、辣椒、胡蘿蔔素、深海蝦殼、天然維他命、大蒜、洋蔥、香椿等配方。

口感味道）淡淡昆布味。

保鮮期）常溫夏天15天，冬天1個月；冷藏2個月 (建議含包裝盒一起，保鮮更久)。

食譜

雞蛋蔬菜燒

大阪燒、廣島燒都是大家很熟悉的日本家庭料理，其實就是以雞蛋、麵粉調和的麵糊，加入自己喜歡的食材，簡簡單單就能完成的。對於挑食的孩子，更可以以這樣的方式讓他們在不經意中多攝取一些蔬菜、肉類，料理過程中也能讓孩子一起參與製作，共度特別的家庭時光。

材料

雞蛋麵(油麵亦可)—— 80克
高麗菜絲 —— 120克
培根 —— 4片
雞蛋麵糊 —— 適量
雞蛋 —— 1顆
柴魚片 —— 10克
美奶滋 —— 20克
照燒醬 —— 適量
蔥花 —— 10克

雞蛋麵糊

高筋麵粉 —— 100克
水 —— 100c.c
雞蛋 —— 1顆
鹽 —— 2克

簡易照燒醬

醬油 —— 50c.c
水 —— 70c.c
糖 50克

做法

1　將照燒醬材料放入鍋內煮滾後放涼備用。

2　燒一鍋水,水滾後將雞蛋麵放入,煮約6分鐘至熟,取出泡冰水冷卻,之後撈起瀝乾備用。

3　麵粉放入鋼盆內,水的部份分3次加入,拌勻後再加入雞蛋攪拌,調味,成雞蛋麵糊備用。

4　取一平底鍋,鍋內放少許的油,將培根排在鍋內,開小火開始煎。

5　取適量麵糊與高麗菜混合,放在鍋內的培根上,等培根煎上色後,翻面續煎,上色後先取出備用。

6　打一顆雞蛋在雞蛋麵裡,放入剛剛的平底鍋內,鋪平煎,這時將剛剛的培根蔬菜燒放入,等雞蛋麵上色後翻面,加入少許的照燒醬,關火悶一下。

7　盛盤,擠上美乃滋,灑上蔥花及柴魚片即可。

培根蛋奶燴洋芋

如果只會製作洋芋雞蛋沙拉的人，可以試著換一種作法，以幾乎相同的食材，和一點點的烹調，變化出完全不同風味的雞蛋料理。

材料

洋芋 —— 2顆
培根 —— 1片
洋蔥 —— 40克
白葡萄酒 —— 30c.c
水 —— 100c.c
鹽 —— 適量
糖 —— 適量
無糖鮮奶油 —— 100c.c
蛋黃 —— 1顆
起司粉 —— 適量
雞肉絲 —— 20克

做法

1　洋芋切成大丁，由冷水開始煮，水滾後約2分鐘關火，泡在裡面一分鐘，之後取出備用，培根切成條狀，洋蔥切碎。

2　取一平底鍋，鍋內放少許的油，開中火，炒培根至稍微變脆，油脂逼出來時，放入洋蔥碎續炒，洋蔥炒軟時加入白葡萄酒，燒至無酒精味，加入水及燙好的洋芋丁，調味。

3　水份快收乾時，加入無糖鮮奶油及蛋黃，這時快速將蛋黃與鮮奶油拌勻，以免蛋黃熟化而沒有乳化作用。

4　醬汁稠化後，關火盛盤，撒上起司粉及雞肉絲即可。

料理教室

蛋料理的多樣烹調，決定甜美或魔鬼

在製作雞蛋料理前，先稍微瞭解一下雞蛋的特性，就能讓雞蛋不只是荷包蛋、炒蛋、蛋炒飯的形式重複出現在餐桌，而是玩出各式各樣有趣、美味的蛋料理。

雞蛋運用在烹調上，有著相當多的可能性，在西式料理中，風貌更是多元。而新鮮的雞蛋是最重要的關鍵，如此一來，在烹調時，就可以避免腥味的產生。

然而，在做甜點時，因為甜度的產生，反而讓蛋黃的腥味提升，這時可以加入一些檸檬汁、蜂蜜、香草莢或是酒類（紅酒或蘭姆酒等）來降低蛋的腥味。

蛋也可以是名菜之一

蛋的用途可以延伸的範圍，從蛋糕，麵包，麵條等都會使用到。在西式料理最常見的蛋料理，就是早餐，包含太陽蛋（Sunny side Up）、雙面半生（Over Easy）、雙面全熟

蛋的 4 大特性

雞蛋擁有特殊的起泡、乳化、熱凝、不容水等四大特性，不妨讓它成為廚房中最容易取得又能靈活運用的食材，在各個國家的料理，它可以是主角也是配角，從醬汁、主餐到甜品，以雞蛋製作的料理不勝枚舉，小小一顆雞蛋，卻總能有讓人驚喜妙用與表現。

（Over Hard ）、 水 波 蛋（Poach egg）、水 煮 蛋（Boiled egg）及 炒 蛋（Scrambled Egg）， 當 然 還 有 最 受 歡 迎 的 蛋 捲（Omelet）。而 現 在 最 流 行 的 早 午 餐 裡 面 的 一 道 經 典 料 理，班 尼 迪 克 蛋（Eggs Benedict），也 是 從 早 餐 蛋 裡 的 水 波 蛋 衍 生 而 來 的，配 上 英 式 滿 福 及 荷 蘭 醬， 濃 郁 的 香 氣，是 現 在 早 午 餐 的 首 選。

而 在 料 理 中，最 高 級 的 蛋 料 理 莫 過 於 松 露 炒 蛋。滑 嫩 的 炒 蛋 配 上 香 氣 十 足 的 松 露，是 許 多 法 國 餐 廳 的 不 敗 料 理。比 較 有 名 的 魔 鬼 蛋，是 由 水 煮 蛋 變 化 而 成，因 為 外 表 可 愛，但 調 味 上 都 會 加 入 辣 椒，所 以 有 所 稱 號。西 班 牙 烘 蛋 也 是 名 菜 之 一，算 是 開 面 式 的 蛋 捲（料 都 呈 現 在 外 面），什 麼 材 料 都 可 以 加，但 絕 對 不 能 忘 記 馬 鈴 薯，是 西 班 牙 烘 蛋 最 重 要 的 元 素。而 在 三 明 治 中，法 國 鄉 村 的 庫 克 太 太 三 明 治（Croque Madame）算 是 獨 樹 一 格，將 一 顆 蛋 黃 放 在 吐 司 外 面，烤 至 半 生 熟， 讓 切 開 的 客 人 們 驚 喜 不 斷。

醬 汁（Dressing）使 用 上， 美 乃 滋（Mayonnaise）是 利 用 蛋 黃 的 乳 化 特 性，讓 油 與 水 結 合 而 形 成 的。在 蛋 白 上 面，西 餐 最 特 別 的 湯 品，澄 清 湯（Consommé）就 是 利 用 蛋 白 的 熱 凝 性，將 湯 裡 的 雜 質 一 併 吸 附 起，形 成 清 澈 透 明 的 高 級 湯 品。

起泡性

雞蛋可以整顆打發，也可以將蛋白及蛋黃分開打發，都是因為雞蛋內蛋白質的擴張所致，其中起泡性效果最好的就是蛋白，因蛋白質含量較高，所以擴張效果自然也就比較好，所有的糕點類都是利用此特性而發展出來的。

乳化性

所謂乳化，簡單來説就是讓油跟水可以結合在一起，在西點裡面常用的乳化劑SP（Surfactant Powder）就是此功用，而雞蛋裡的蛋黃含有脂蛋白與卵磷脂，就是最天然的乳化劑，此特性最常使用在沙拉醬汁上面。

熱凝性

所有液體或是有些固體的食物，在經過加熱後，就會呈現液態狀，只有雞蛋（打出來算液體），加熱後反而呈現凝固狀，水煮蛋、水波蛋都是最佳表徵。

不容水性

任何的液體，加入水中，都會融為一體，只有雞蛋，倒入水中，只要沒有被破壞，將水倒掉，雞蛋還是完好如初。

08 / BEEF

牛肉料理

一直以為，所謂的台灣牛，就是台灣黃牛，其實，一般市面上上會量產的，多半原產於荷蘭的荷仕登乳牛。這種乳牛外觀黑白相間，母的用來提供鮮奶，公的用來供應肉品。牧場裡養的都是公的閹牛，因荷爾蒙分泌少，活動量也低，肉質吃起來較軟嫩，沒有腥味。

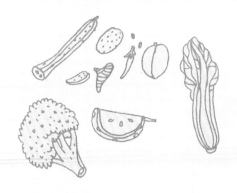

食旅

嘉義六腳 楊鎵燁畜牧場

食譜

骰子蒜味牛佐番茄南瓜泥
里昂式杏鮑菇炒牛肉

食旅

嘉義六腳 楊鎵燁畜牧場

髮型師回鄉，
用契作牧草、新鮮毛豆養台灣牛

來到位於嘉義縣六腳鄉的楊鎵燁畜牧場，跟著工作人員翁大哥走進半開放式的牛棚裡，遠遠的就聽到「哞～哞～」的牛叫聲此起彼落，長這麼大，我還是第一次這麼近距離看牛。出發前，曾想像見到這些牛會是什麼情形，平常我們料理的帶骨牛小排，每根牛肋骨都這麼大一支，一隻牛有多巨大並不難想像！但親眼看到，感覺還是比想像中壯觀很多。

荷蘭品種——
公乳牛供應肉品，母乳牛供應鮮奶

一直以為，所謂的台灣牛肉，就是台灣黃牛，但經翁大哥一說明，我才知道誤會大了。由於台灣黃牛的肉質比較結實，因此一般市面上會量產的，多半都是畜牧場裡這種原產於荷蘭的荷仕登乳牛。這種乳牛的外觀黑白相間分明，母的用來提供鮮奶，公的用來供應肉品，因經濟價值高，是目前全球主要的商用牛品種之一。

牧場裡養的牛都是公的閹牛，一般來說，閹牛的體型較大、較好吃；由於他們小時候就閹割了，荷爾蒙分泌少，活動量也比較小，所以肉質吃起來會比較軟嫩，沒有腥味。公的閹牛在一起總是打打鬧鬧，玩一玩就擦槍走火打成一片，一不小心就會掛彩，因此小時候就要先幫牠們去角，以免受傷，影響發育。

耳號追蹤　為肉品品質把關

每一隻牛的耳朵上都釘有一個牌子，
上面寫著英文字母及數字，每一個號
碼牌都是一隻牛的身份證；牧場的工
作人員，每天都必須要上電腦記錄這
些牛每天吃多少飼料？有沒有生病？
有沒有用藥？來配合農委會作產銷履
歷的驗證。

有了這些資料，消費者在購買肉品
時，就可以透過QR code二條碼系統
掃描，追溯到肉品的來源，以及牛隻
從最初生產、運輸、屠宰，到加工、
販售等過程，衛生、安全看得見。而
從這些耳號上也可以判讀出月份，知
道這些牛何時可以宰殺、食用。

1、2、3.以蘭尾草、玉米、毛豆餵養牛隻，沒有農藥殘留，牛隻吃得健康，肉質也跟著清淨無毒。(圖
片提供：楊鎵燁畜牧場)
4.牛隻們每日早上、下午各一餐，看到飼料一來，牛群們便開始騷動。

下腳料養牛 垃圾變黃金

牧場主人楊鎵燁原是髮型設計師。父
親中風後，他遂回到家鄉，一肩挑起
家計的重擔。家裡早期從事農產品加
工，父母親將田裡收成的玉米、毛豆
等蔬菜，賣給工廠做加工出口，但由
於外銷的規格限制相當嚴格，每一公
噸的收成，就會有兩成不合格的剩餘
農產(俗稱下腳料)被退回，最後只能賤
價賣給農家當飼料，或拿去當垃圾，
非常可惜！於是楊先生靈機一動，乾
脆就將這些下腳料拿來養牛。

為了讓消費者能吃到好的肉品，楊先
生堅持只給這些牛隻吃天然、自然的
食物。周邊農地與農民契作的蘭尾草
與青割玉米，和從附近食品加工廠所
回收的毛豆等高植物蛋白作物，就是
這些牛隻們的食物來源。牛隻吃這些
自己種的蔬菜，沒有農藥殘留，身體
自然健康，肉質也跟著清淨無毒。

我覺得很不可思議，這些別人眼下覺
得不值錢的下腳料，居然能垃圾變黃
金，成為這些牛豐富的營養來源。小
時候曾聽說老一輩的人會去撿乾掉的
牛糞當柴火燒，我也一直在思考，關
於「丟掉」與「重新利用」的這個議
題，也許最自然的循環利用，既環保
又不浪費每一份資源。然而我也一直
在思考，如何充份珍惜手邊的食材，

牛肉要先熟成

牧場的牛隻經由人道屠宰後的三天，肉質其實是不好吃的，必須放在冷藏庫，控制溫度和濕度，再經過7～10天熟成，把肌肉裡面的氨基酸釋放出來，肉質才會變得柔軟。

在彰顯原味的同時物盡其用。

人道屠宰，18個月為養成期

吃，大概真的是最快籠絡動物，取得信任的方法，只要你手上有食物，牠們就會靠近。牧場裡面的牛，早上七、八點吃一餐、下午四、五點吃一餐。果真，我飼料才一灑，欄內好奇又害羞的牛隻們就熱情起來，頭不停地往外探，這動作使我有機會跟牠們零距離的接觸，一掃之前剛見面時的疏離感。

翁大哥說，這裡的牛隻約養十八個月即可宰殺，重量約可到達550～600公斤。我忍不住想：哇！差不多是我的十倍重。

成熟的牛隻會送到台南，由專業合格的屠宰場將其擊昏之後，再進行人道屠宰。我聽說，牛在被宰殺之前多半自己都有感覺，還會流眼淚；且非人道屠宰的牛隻，肉質吃起來會比較苦澀，姑且不管這樣的說法是否有據，但我覺得既然是條生命，就該被好好對待。

畜養成本高 台灣牛肉推廣不易

由於畜養的成本相當高，因此單價也貴；加上台灣受限於土地面積的關係，無法量產，價格比美牛貴了兩三

1. 黑白相間的肉牛，是牧場裡統一個景致。
2. 每隻牛都打上耳號，一條龍的管理系統，讓牛肉品質更佳。

哪裡買
Where to buy

鈜景國產肉品專賣店
地址：嘉義縣朴子市祥和三路西段 71、73 號
電話：(05) 362-3520
營業：08:00 ～ 17:00，週日休
網址：http://www.drbeef.com.tw/

成左右，與澳洲牛相比，更是差了接近一倍以上，價格反應成本，因此一般的餐廳根本就不會考慮使用台灣牛。這真的很可惜，因為牛肉可以食用的部位，可說是最多的，特別的是每一塊牛肉的部位，其口感、烹調方式與所呈現出來的風味，都不一樣，因此有許多老饕，都無法抗拒它的魅力。

翁大哥說，一開始，牧場養大的牛隻賣不出去，只能賠本銷售；但後來，牧場主人楊鎵燁先生打造出「鈜景御牧牛」這個品牌，從飼養、生產到販售，從頭到尾都採一條龍式的管裡，

不僅取得產銷履歷驗證，更是台灣目前唯一取得 CAS 牛肉標章的業者，也是國內第一家產銷合一的國產牛品牌。此外，他們還設有中央廚房以及餐廳，同步推廣台灣牛肉。

我造訪的這一日，正好有台北餐廳的廚師來這裡受訓，我覺得他們很幸運。一般我們在餐廳所拿到的牛肉，大都是肢解好了，一塊一塊冷冰冰的，但他們卻能夠透過整個養殖與生產過程，更瞭解食材、親近食材，在經過詳細地參與瞭解後，想必能更清楚肉質的特性，用更適合的手法烹調它。

各國牛肉比一比

台灣牛

產地）本土生產。

飼養時間）約十八到二十四個月。

飼料種類）牧草、玉米和自然農作物。

牛隻品種）來源多爲荷蘭的荷士登公乳牛，約佔市場的九成。

烹調口感）以燉煮而言，因肉味十足，以味道及嚼勁來說，絕對是最好的選擇。若以牛排部位來說，暫時還很難與進口牛肉匹敵。

品質特色）台灣牛強調安全、零污染（沒有瘦肉精、狂牛病），新鮮現切的牛肉高甜度、量少珍貴。

美國牛

進口佔比）進口牛肉最大來源，約占四成。

品質等級）以Flavor風味，Tenderness柔嫩度，以及Juiciness多汁程度為指標，大約分成八個等級。以牛排來說，台灣目前只會使用前三個等級，Prime極佳級、Choice特選級、select可選級，因油脂分布均勻，肉質佳，價格合理，所以爲許多熱愛牛排老饕的最愛。

紐西蘭牛

進口佔比）為第三大進口來源，約占兩成。

品質等級）主要分成三個等級，PS未受孕的母牛或閹牛、Young Bull公牛、Cow母牛。紐西蘭牛肉主要標榜天然，肉質緊緻軟嫩，也以低脂，低熱量，低膽固醇為最大賣點。

澳洲牛

進口佔比）為第二大進口來源，約占三成。

烹調口感）以前的澳洲牛肉質較爲乾澀，但因飼養方式改變，所以現在肉質不輸美國牛，也因初期飼養飼料不同，反而比美國牛多了一些清爽的味道。

品質等級）分成十二個等級，台灣目前使用兩個等級，A-Beef肉牛級（母牛或是閹牛）、B-Bull公牛級。

日本牛

進口佔比）台灣目前無法進口。

品質等級）一出生就必須先取得證明書證明其血統。肉質細分爲十五個等級（A5~A1；B5~B1；C5~C1），通常只用到A5~A1五個等級製作牛排。由於量少、品管嚴格，日本和牛價值已經超越法國三大食材（松露，鵝肝醬，魚子醬）。

食譜

骰子蒜味牛佐番茄南瓜泥

醬汁是這調料裡畫龍點睛的關鍵。把牛排切成小方塊狀，煎熟後搭配上當季番茄和南瓜所調出的醬汁，這是季節性食材靈活運用的展現。番茄的酸搭配上南瓜的甜，襯托出牛肉的鮮，可說是加分再加分，尤其是番茄與南瓜本來就很搭，做成濃湯也非常好喝。

材料

南瓜 —— 80克
蒜片 —— 10克
黃牛沙朗 —— 160克
鹽，胡椒 —— 適量
紅葡萄酒 —— 30c.c
牛番茄 —— 60克

番茄南瓜泥

牛番茄 —— 80克
南瓜 —— 100克
蒜仁 —— 20克
洋蔥 —— 60克
水 —— 250c.c
鹽 —— 適量

做法

1 牛番茄利用滾水川燙約40秒後撈起冰鎮，去皮切成大丁，南瓜去皮去籽切成丁狀，蒜仁一部份切成片狀，洋蔥也切成丁狀備用。

2 取一小湯鍋，鍋內放油，小火先炒洋蔥，等甜味出來後放入蒜仁續炒，上色後放入南瓜及番茄大丁及水，煮約6分鐘後，利用果汁機打成泥狀，調味。

3 一部分的南瓜丁川燙2分鐘後取出備用。

4 取一平底鍋，鍋內放油，小火爆香蒜片至脆，撈起瀝油備用，沙朗調味後放入平底鍋煎，兩面上色後加入紅葡萄酒，燒至無酒精味後，等沙朗至想要的熟度時，拿起放在盤子上靜置約5分鐘後，使牛肉熟度及溫度達到平衡後切成大丁狀。

5 盤子畫上醬汁，將沙朗，南瓜丁及去皮的番茄丁混和，放上盤子，撒上蒜片即可。

食譜

里昂式杏鮑菇炒牛肉

這道菜是仿西班牙下酒菜的作法。先將菇類炒到有點膠化，將它的甜度鎖在裡面，之後與牛肉拌炒，最後再灑上一些辛香料即可。一般在西式料理中，我們都會灑上Tabasco（一種墨西哥青辣椒），在這裡我則就地取材，用台式的辣椒、蔥代替。

材料

洋蔥 —— 80克
杏鮑菇 —— 200克
紅辣椒 —— 20克
青蔥 —— 15克
黃牛肩肉片 —— 100克
紅葡萄酒 —— 30c.c
水或高湯 —— 50c.c
鹽，胡椒 —— 適量

做法

1　洋蔥，杏鮑菇切成大丁狀，紅辣椒與青蔥都切成絲備用。

2　取一平底鍋，鍋內放油，開中火先炒杏鮑菇，至杏鮑菇上色後放入洋蔥續炒，炒至洋蔥甜味出來後，放入辣椒絲及牛肉，等牛肉約七分熟時加入紅葡萄酒，燒至無酒精味，後加入水或高湯，調味。

3　盛盤後撒上蔥絲即可。

料理教室

牛排如何烹煮最好吃

西餐最強調的就是食材，選擇到一仟好的食材，烹煮的時間越短、越單純，越好。

香煎牛排是最簡單，又最直接能吃出牛排原味的料理方式。

在製作牛排前，必須先把牛肉從冰箱裡面拿出來回溫，這樣在料理時，才不至於外面熟了，甚至焦了，裡面還是冰冷的。牛排要好吃，基本的厚度最好不要低於2cm，太薄的牛排，表面都還沒焦化，裡面可能都熟透了。

牛排斷面先入鍋，口感鮮嫩

牛排熟度大約溫度：三分熟（medium-rare）52度，五分熟（medium）66度，七分熟（medium-well）77度，全熟（well-done）80度以上。可以在準備入鍋煎時，或是煎完再調味，太早調味，鹽只會讓牛排裡原本的血水迅速流出。

認識牛部位

牛肩胛①
肉質較粗，脂肪含量少，多用於燉或製成絞肉。

腿肉②
也是經常活動的部位，故肉質較粗，脂肪含量也少。和胸肉一樣，多用於燉或製成絞肉。

脛肉（牛腱）③
牛腿的部位，肉質最硬且肉筋多，只適合燉、滷等長時間的烹調。

腰內肉（菲力）④
里脊和內里脊中間的內腰肉部份，是牛肉中最高級最嫩的部位。脂肪含量少，適用於牛排、爆炒。

平底鍋大約維持在180度的高溫（鍋內的油到達煙點）。牛排入鍋的第一面，看著牛排的紋路，將纖維的斷面先入鍋煎，這樣可以將牛排裡面的血水封住，如果不是從斷面先煎，血水反而會從斷面處流出，這樣的牛排就不嫩，不好吃了。

五分熟牛排，得在三分半熟時起鍋

如果有烤箱，將牛排表面煎上色後，加入些紅葡萄酒，放入烤箱約180度，烤至想要的生熟度，取出放置室溫休息約五分鐘即可；如果沒有，在平底鍋上大約十秒就換面，這樣動作一直重覆，快到達想要熟度時，加入紅葡萄酒燒至無酒精味，取出放置室溫休息約五分鐘即可。若想要煎出五分熟的牛排，大概在三分半熟時就必須起鍋，讓它休息個五分鐘，除了讓餘溫讓肉繼續熟化，牛肉的甜味、熟度與多汁性才能達到最平衡的狀態。如此一來，在食用時，才不會一刀切下血水流的整盤，視覺可是能直接影響食慾的啊！

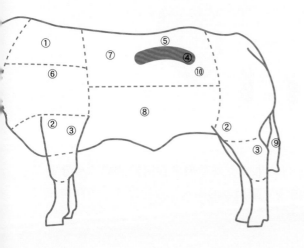

肋脊肉（肋眼，沙朗，紐約客）⑤
腰背肉。肉質細嫩脂肪含量適中，前段部分油花較多。後段部分，油花分布較少，肉質厚實，適用於牛排、燒烤。

牛小排⑥
為沙朗第6~8根骨頭部位。肉質結實，肉味十足，油脂含量高，且分佈平均，為肉食主義者的最愛，適合燒烤、牛排。

腰脊肉（丁骨）⑦
為菲力跟沙朗的縱切面，因骨頭為丁字型而有所名稱，所以廣受老饕們的喜愛。

腹部肉（牛五花）⑧
肉質呈五花三層，精肉和脂肪交替，適合清燉、紅燒、煙燻成培根。

牛尾⑨
營養含量十分豐富，常用於烹煮湯式料理，多用以燉煮。

牛腩（牛條肉）⑩
為沙朗去除骨頭時，在骨頭與骨頭連接處的肉。肉味足，筋多，適合長時間的燉煮。

果乾料理

果乾，基本上就是將水果風乾。有的果乾在風乾前會利用糖煮過，水分通常只剩 15% ～ 32%，因水分的減少，讓果乾的碳水化合物提升，因此也使得水果原本的膳食纖維更能夠保存。

食旅

台南楠西 玉井之門

食譜

番茄羅勒水果果乾小點
果乾風味牛肉義大利麵

台南楠西 玉井之門

濃縮再濃縮，
用歲月和時間封存自然果香

玉井之門的徐大姐，個子雖然嬌小，但講起話來中氣十足，感覺就是個很會照顧人的鄰家大姐。果不其然，我都還來不及寒暄和請教水果乾的來歷，嘴巴就已經被熱情遞上的果乾塞得滿滿的，而每一種水果的香氣、水分、纖維與彈性，皆個性鮮明。

好吃的祕訣：保留水分與口感

徐大姐說，雖然他們的水果乾顏色不漂亮，但這都是天然水果所呈現出來的色澤，沒有添加任何人工色素。入口的土鳳梨乾，口感微酸，吃得出扎實的纖維，而金鑽鳳梨則呈現出質地細密而香甜的口感。

至於水果的水分要保留多少是門大學問。太乾，怕吃起來口感不好；太濕，擔心霉菌感染，由於堅持不添加任何防腐劑與化學添加物，因此，溫度和濕度的控管，相對就成為其中的關鍵。尤其是芭樂，它的纖維不像一般的水果是條狀的，而是圓狀的，一旦其中一個感染了霉菌，整包芭樂乾都會跟著發霉！

此外，要吃到好吃的水果乾，原料的把關就相對不可少。玉井之門的水果，全都是直接與農民契作，並用合約保障收購價格，品質、來源都很穩定。我造訪時節的鳳梨產量不多，價格也比較貴，卻是鳳梨果乾風味最好時節。

光是研究哪一個節氣的水果，最適合把它的香氣封存起來，徐大姐夫婦倆就不知道經過了多少失敗與經驗的累積。提及當初，徐大姐本來是苗栗的客家人，嫁來台南之後與先生一起創業，無奈投資失利，人生跌到谷底，之後，她加入了農會的產銷班，開始學會製作芒果乾。一開始，研究做果乾的時候也常常做失敗，失敗的東西不敢賣，夜裡就夫妻兩就偷偷開著車、載著貨，到垃圾掩埋場丟。話說起來輕鬆，但相信當時的辛酸與辛苦，是旁人難以體會的。

刀功與經驗　體力大考驗

一邊聊著一邊走進工作區，可以看到

1. 紅心芭樂做成的果乾，依然透著淺淺的粉紅色。
2. 徐大姐拿了一塊果乾給我，水分和香氣口感鮮明。
3. 每一種水果因水分含量的不同，需要烘焙的時間也不同，這些都是靠一再嘗試，從失敗中學習而累積出的經驗。

一群可愛的大姐們綁著頭巾、帶著手套，正動作俐落地把鳳梨去頭、去皮、切塊，把鳳梨丟進桶裡。徐大姐說，在這裡，工錢是算「桶」的，難怪我看每個大姐都埋頭專注著，連聊天的時間都沒有。想起以前，我在飯店也做過削過水果的工作，但在飯店工作是算「小時」的，一箱鳳梨就算你慢慢的切，八個小時過後，也就可以下班了，但在這裡，付出和收穫是十分對等的。

親切的徐大姐邊幫我穿上圍裙、綁上頭巾、戴上手套，一邊叮嚀削鳳梨的注意事項。她說，削鳳梨皮的時候，鳳梨皮最外層的鳳梨眼睛（也就是鳳梨的果目），一定要削乾淨，否則吃了會嘴破；每十七台斤的鳳梨，去掉了鳳梨皮和鳳梨眼，往往只剩下十五台斤；此外，鳳梨切塊的時候，必須大小、厚度一致，後續處理風乾的時候，熟成度才會統一，吃起來也才會好吃。

憑藉著我練了多年還算熟捻的刀功，本來還一派輕鬆的想：不過就是削鳳梨嘛！有什麼難的？但實際操作起來，速度卻硬是比旁邊快（速度快）、狠（刀法準）、準（大小一致）的大姐們慢了許多，不是切掉太多果肉，就是大

果乾製作4步驟

1 殺菁—倒入滾水大鍋。

2 糖漬—瀝水撈起，灑糖。

3 冷藏—冰鎮，軟化鳳梨纖維。

4 低溫烘焙—厚鋪，送進烤箱。

1. 現場的大姐們動作迅速的削著鳳梨，沒多久就完成一桶。
2. 徐大姐替我綁上頭巾，我也開始加入刀功的考驗。
3. 看起來簡單的削皮，其實還要注意厚薄大小，還有別殘留鳳梨眼。

小不均。這訣竅，果然不是隨便就學得來的。

耐心成就好果乾

通過了刀功的考驗，接著就是將切好的鳳梨倒入煮著滾水的大鍋中，做「殺菁」的動作。徐大姐表示，這個動作主要是抑制酵素作用、防止氧化，讓鳳梨能夠呈現美麗的黃金色澤。煮好的鳳梨必須用大漏勺瀝水撈起，然後表面灑一點糖，作為天然防腐劑，這個動作叫做「糖漬」。如此倒入、攪拌、撈起、灑糖的動作看似簡單，實際上卻一點也不簡單。裝滿鳳梨的漏勺雖然瀝去了水分，但還是沈甸甸的，只要一個不小心、重心不穩，鳳梨就會像長了腳似的，溜到地上。

糖漬過的鳳梨，還不能放進烤箱中直接烘烤，而是先送入冰箱冷藏，如此一下冷、一下熱，就像在洗三溫暖一樣。徐大姐笑著跟我說，其實，這一切都是「無心插柳」的結果。一剛開始做鳳梨乾的時候貪心，想多做一點，於是就削了很多鳳梨，最後烘不完，只好先冰起來，隔日再繼續做，沒想到竟發現冷藏能軟化鳳梨中的纖維，而使得製作出來的鳳梨乾吃起來的口感更好、更細緻。

1. 直接與農民契作，水果的質感來源相當穩定。
2. 不添加色素的果乾，雖然色澤不夠鮮艷，卻天然健康。

哪裡買
Where to buy

玉井之門
地址：台南市楠西區茄拔路125號
電話：(06) 575-5918
傳真：(06) 575-5916 (09:00 ～ 23:00)
營業時間：08:00 ～ 18:00
網址：http://www.5755918.com.tw/
宅配：第一銀行新化分行帳號625-10-058676，戶名：玉井
之門食品行，未滿1500元，加運費150元

濃縮的香氣與美味

我們合力將冰鎮後的鳳梨倒入網中，鳳梨很重，倒的時候得小心不要將邊緣直接壓在網子上以免網子破掉，蔡大哥開玩笑的說，要把每一盒鳳梨都當作抱辣妹一樣，要有力氣保護也不忘溫柔呵護。

最後則是進行低溫烘焙，他說，由於烤箱的周圍受熱比較多，所以當把鳳梨鋪平進行烘焙的時候，周圍比較快熟，要鋪厚一點。我照著指示把鳳梨鋪平，親手把它們送進烘焙機中。接下來就只剩下「等待」了。

徐大姐說，每種水果依照它的厚度不同，烘焙的時間也會不一樣，其烘焙時間動輒十幾個小時，有些甚至要三天以上。我想著，一顆鳳梨要成為果乾，歷經了層層的關卡，體積與重量都不斷地在縮小，這看似不斷「丟掉」的過程，卻是把鳳梨最美的香氣濃縮了，只剩下精華。若要說玉井之門的水果乾，是用時間封存下來的美味，我想這一點都不為過。

台式、西式果乾，單吃＋入菜

台式果乾

果乾種類）芒果乾、鳳梨乾、紅心芭樂乾、楊桃乾、番茄乾

季節分佈）愛文芒果六～七月；凱特芒果七～八月；鳳梨 一～十二月；芭樂一～十二月；楊桃一～十二月；番茄冬季。

口感特色）愛文芒果乾纖維細密、口感香甜，凱特芒果則帶有微酸、口感較Q；土鳳梨乾的纖維紮實，金鑽鳳梨則細緻香甜；紅心芭樂帶有天然的多酚、茄紅素，甜中帶有微酸，楊桃乾脆中帶有微酸香氣，蕃茄乾則甜度較高，義大利人喜歡用它來作義大利麵及披薩。

西式果乾

果乾，基本上就是將水果風乾。有的果乾在風乾前會利用糖煮過，有的就是直接風乾，水分通常只剩15%～32%，因水分的減少，讓果乾的碳水化合物提升，也保留了水果原本的膳食纖維，使其能夠保存更長的時間。

在入菜時，因為果乾算是食品了，所以最簡單的方式就是做完一道料理後，直接加入一些果乾即可，而有些廚師會將果乾（濃縮的水果）與醬汁混和泡開，醬汁中也會富含此種果乾的風味，或是泡入酒中，讓果乾充分吸收酒的香氣，讓味道再次升級。

常見果乾）最常出現的是葡萄乾，另外還有杏桃乾、蔓越莓乾、藍莓乾、番茄乾、草莓乾、柳橙乾等。

運用範圍）利用它們撒在沙拉上、做成甜點、醬汁，或是捲在肉裡。

注意事項）果乾的保水度是重點，水分越少就越硬，所以如果使用到過硬的果乾入菜時，就可能要先用醬汁或是酒、水使其吸收一些水分。此外，入菜時也要注意果乾的味道與其他食材是否合適，否則無法為菜餚加分。

番茄羅勒水果果乾小點

番茄，向來與羅勒和奧力岡這兩種香料最對味，而羅勒在台灣，又是非常容易取得的食材。在這道番茄果乾小點當中，羅勒的清香，正好平衡了小番茄的酸，而小番茄的酸又襯出了梅餅的甜，三者合而為一，就像是一段佳話，讓人口耳流傳。

材料

番茄 —— 6 顆
羅勒葉 —— 6 片
梅餅 —— 1 塊（梅子粉也可以）
楊桃乾 —— 2 塊
紅心芭樂乾 —— 2 塊
芒果乾 —— 1 片

做法

1 在番茄上面劃一刀到番茄中心（可別對切到斷啊！），果乾類切成適當大小。

2 在番茄劃開處放上一片羅勒葉，在放上一小塊梅餅。

3 最後在放上楊桃乾，紅心芭樂乾及芒果乾，（或是你剛好有的任何果乾都行），擺盤即可。

果乾風味牛肉義大利麵

以前做西餐的時候，我們常常會拿一些風乾的草莓或番茄來入菜，通常都是灑在沙拉上面；但今天整個過程參與製作，我才瞭解到：我們之前的作法有多麼速成，做出來的果乾的水分也沒有那麼多。入菜時，果乾本身天然的酵素有軟化肉質的效果，也可增添口感與風味，非常適合夏季食用。

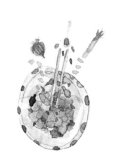

材料

洋蔥 —— 50克
義大利麵 —— 140克
鳳梨乾 —— 4～6塊
黃牛肉片 —— 100克
洋蔥 —— 50克
番茄乾 —— 8～10顆
白葡萄酒 —— 30c.c
水或高湯 —— 100c.c
鹽，胡椒 —— 適量
季節蔬菜 —— 50克

做法

1　燒一鍋水，內加千分之一的鹽，等水燒開，將義大利麵（spaghetti）放入約煮6分半，撈起拌油備用（千萬不要拿去泡水喔！）。

2　利用鳳梨乾與黃牛肉拌在一起略醃，可使肉質軟化，洋蔥切成絲狀。

3　取一平底鍋，鍋內放油，先炒洋蔥絲，香氣出來後放入醃過的牛肉及鳳梨乾，牛肉約8分熟時先取出以免過老，這時加入番茄乾及白酒燒製無酒精味後，加入水或高湯，調味。

4　加入燙好的義大利麵繼續煮至收汁入味，放入剛剛拿出來的牛肉片及當季綠色蔬菜，盛盤即可。

10 / SHRIMP

蝦料理

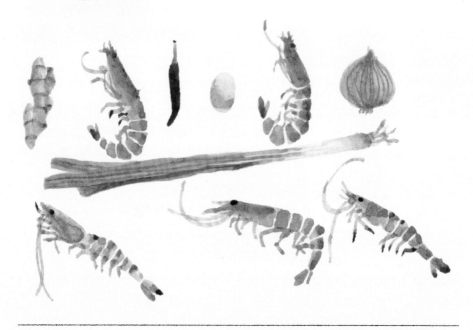

蝦子新不新鮮，其實在生鮮的時候反而比較難分辨。阿麟師說，好的蝦子川燙過後，鍋子表面會浮出一層紅紅油油的物質，那就是天然的蝦紅素，而且即使川燙的久一點，蝦肉與蝦殼也不會分離。如果蝦子的湯煮起來白白的，而且蝦子煮熟了呈現粉紅或黃紅色，就代表這個蝦子不新鮮。

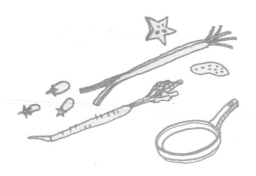

食旅

高雄湖內 阿麟師築夢湖無毒水產

食譜

水果鮮蝦沙拉襯情人果乾
迷你月亮蝦餅
新加坡辣椒炒蝦

高雄湖內 阿麟師築夢湖無毒水產

環境健康＋優良菌種，養出無毒大白蝦

阿麟師的養殖場，沒有地址，只有地號，因此都市人使用的科技商品GPS衛星導航不管用，只能跟著阿麟嫂的摩托車轉進小路。路的終點，是在養殖場忙進忙出，被太陽曬的滿臉通紅的阿麟師。

可能是迷路了一段時間讓他們等得太久，初次見面沒有太多招呼，帶點殺氣的阿麟嫂皺眉抱怨了一下，但是才沒聊上幾句，阿麟嫂直率的個性，加上妙語如珠，就逗得我哈哈大笑，原來他們夫妻倆都很好相處，也讓我鬆了一口氣。

手工除草 讓環境無毒

沿路進來道路兩旁盡是堤岸上寸草不生的魚塭，但是到了阿麟師的養殖場，卻是呈現出一片綠意盎然的景象。我不怕死的提出疑問：「是因為懶的除草所以才這樣雜草叢生嗎？」還好，阿麟嫂只是白了我一眼沒有生氣，原來，這些野草，是阿麟師無毒養殖中最重要的一環。

草裡有好菌、壞菌，形成了一個天然的草生食物鏈，因此透過草生栽培的方式，蝦子與自然界抗衡，養殖出來

的蝦子自然肥美、健康。阿麟師告訴我，一般魚塭為了方便行走，並防止蛇、鼠藏匿，常常都會在周邊灑上除草劑；這些除草劑會被土壤吸收，或順著雨水流到魚塭裡面。然而這些化學藥劑對於土地、對於生物，尤其是像蝦子這類無脊椎的濾食性動物，傷害非常大，長期使用會破壞地力、破壞環境、造成土質酸化，甚至導致蝦子死亡。雖然這觀念有根有據，但阿麟師卻很難說服老一輩或鄰近的養殖業者，只能自己默默地堅持著。

他的努力，也許別人看不見，但老天

爺卻是清楚的。民國八十八年的莫拉克颱風，當時，在中南部多處降下刷新歷史紀錄的豪大雨，阿麟師所住的村莊水也快淹到胸口，但由於阿麟師的魚塭周邊有許多天然的草生植物做為屏障，因此，即使水位已經淹到了岸上，別人家的魚跑不進來，他們家的蝦也跑不出去。當大水一退，別的魚塭的魚蝦都順著水流投奔到了海裡，只有阿麟師的蝦子，沒有被大海據為己有。

養蝦這條路 沒有休息的一天

阿麟嫂說：「養蝦子，颱風來要擔心，天氣太熱會擔心，太冷也會擔心。」農夫一天不去田裡可能對作物的影響還不會很大，但他們一天不去魚塭，池子裡恐怕就會產生很大的變化。

當颱風天，大家都拼命往屋內躲的時候，阿麟師卻是拼了命地往外衝。因為大量的雨水會沖淡魚塭中的鹽份，造成蝦子體內外的滲透壓不平衡，而水腫暴斃，在這狀況下，他必須趕快下粗鹽，幫助蝦子平衡體內的滲透壓，幫助排水。阿麟師開玩笑地說，如果你夠猛，抱著一大袋五十斤的粗鹽一起往下跳，就會發現蝦群不斷地向鹽袋周邊聚集。我想像在站都站不穩的颱風天，風雨雷電交加，即使全

1. 和阿麟師合力將網子收起。
2. 在草生的天然環境中養出的蝦個頭比一般蝦大。
3. 阿麟嫂說魚塭周邊的野草是無毒養殖的大幫手。

身濕透、視線不良，還拼了命要去照顧蝦子的阿麟師，不禁心生佩服。

精心調配飼料 養出壯碩好蝦

換上了雨鞋，我與阿麟師站在堤岸邊，合力將網子收起，越拉網子感覺就越沈重，眼前出現一大堆活跳跳的蝦，原來，這就是「等待，然後收成」的喜悅。我拿起了兩隻蝦子對著陽光看，蝦子的身體晶瑩剔透，在日光下，蝦子的腸泥與身體內的筋，都能夠看得很清楚。

以前，我在餐廳拿到類似這樣的食材的時候，從來沒有想過要這樣拿著它，對著日光燈看過。雖然僅僅用食指與大拇指扣住蝦身，但我仍然可以感覺到蝦子的身體結實渾厚，抓在手上感覺沈甸甸的很有份量。

我發現阿麟師所養殖的白蝦，比平常在市面上所看到的要大了許多，而且根據經驗，白蝦的肉質又會比草蝦，鮮甜一些。阿麟師說，這些白蝦要能夠長到這麼大，除了必須要有好的生長環境之外，當然就是靠給牠們吃的食物。

阿麟師指著一旁放置在膠筏上的塑膠
桶告訴我，一般蝦子都是早上餵食，
而水產養殖的營養，主要來源還是以
水產為主，例如魚類。但一般蝦子吃
的飼料其實大部分都是由國外進口，
源頭無法把關，因此就需要配合好的
菌種發酵，來將裡面不好的物質轉換
掉。桶子裡面的飼料，是運用一般飼
料（氨基酸液肥），加入了許多菌種、維
生素和礦物質下去熬合；接著，還需
要經過四十八小時的發酵與轉換，才
能餵給蝦子吃。

啊～蝦子也要吐沙？

我興奮地挑了幾隻大蝦，打算馬上拿
回去做料理，但這樣的動作很快地被
阿麟師給制止。原來，剛撈上岸的蝦
子，還不能馬上烹調或包裝冷凍，必
須再經過一道「吐沙、吐腸泥」的手
續，才能正式展開分級包裝的作業。

向來只聽說過蛤蜊需要吐沙，沒想到
蝦子也需要吐沙？而過去的經驗也是
蝦子在烹調前需要先去腸泥，這吐過

蝦離水，筋就斷

由於捕撈的時候，網目的大小已有設定，在分裝的時候，蝦子都是差不多大小；但還是有幾隻小蝦寶寶，一起被打撈上岸。

原本以為還可以將小蝦再放回魚塭，但阿麟嫂說，蝦子撈起來之後，身體會不斷地抽動，雖然表面看起來是一尾活龍，事實上身上的筋已經扯斷了，若是丟回水裡，不到兩個小時就會自然死亡，無法存活。

1. 撒網、收網，一切的辛苦都在這一瞬間獲得甜美的豐收。
2. 原有的蝦飼料，還需配合好菌種與礦物質、維生素熬合。
3. 吐過沙的白蝦，由夫婦兩靠著經驗判斷重量將蝦子分級裝袋，比磅秤秤的還準確。

沙的蝦子，是怎麼一回事！

阿麟師解釋，蝦子是無膽動物，所以必須靠肝臟釋放肝膽素，來消化牠所吃的食物。一般我們從市場買回來的活蝦，蝦頭吃起來都會苦苦的，就是沒有吐沙，把肝膽素排掉，而蝦子腹中的腸泥如果有沒有吐乾淨，更是會影響蝦子的口感和鮮甜度。

阿麟師將吐過腸泥之後的蝦倒出來，旁邊放滿了不同記號的袋子，阿麟嫂的手邊則擺了一架磅秤。他們教我，大約多大或是幾兩重的白蝦，應該要分裝到哪個袋子；我以極緩慢的速度分辨著，偶爾分裝錯誤還會被阿麟嫂指正：「啊！你這個錯了啦！這個應該要裝到『超級』（註：這是分級品的名稱）才對。」

我看阿麟師與阿麟嫂分裝的時候，完全都不需要用到磅秤，一隻蝦子一拿起來就知道是什麼等級，分裝速度非常快，而且分完一整包拿到磅秤上一

秤，重量居然剛剛好。阿麟嫂說，一開始為了避免被蝦子弄傷手，她總是戴著手套進行分裝，但後來發現，一旦戴上手套，手感就不見了，於是後來就改為徒手了，「阿你看看我現在手有多粗！」阿麟嫂笑著說。

「這就是真愛啦！」我逗起阿麟嫂，看著她臉紅紅笑的燦爛，不怕曬、不怕弄髒衣服、弄傷手，這是她支持心愛的阿麟師最直接的方式。

無毒養殖 是終身的志業

其實早在十年前，阿麟師從父親手中接下家傳的魚塭事業，就已經確立了「無毒」的方向。

阿麟師苦笑著說，那時候，大家對健康的概念還沒有這麼發達，所以一開始他決定投入無毒養殖的時候，大家都罵他們是神經病。為了要投入無毒養殖，阿麟師一口氣買了五、六十萬

1. 新鮮白蝦肉質鮮甜，蝦身結實渾厚。
2、3. 開始準備蝦料理請阿麟師一家品嘗。
4. 在我準備食材的同時，阿嬤就在門前的大灶熟練地揮起鍋鏟來。
5. 原來阿麟阿嬤以前是專門辦桌的總舖師。

阿麟師的蝦，主要是以冷凍宅配。

哪裡買
Where to buy

阿麟師築夢湖無毒水產
地址：高雄市湖內區（養殖地）
電話：0988-829542（阿麟嫂）
網址：http://www.wretch.cc/blog/su19681022
宅配：帳號 郵局 0101628-0314028，戶名：謝王彩雲

的書來看，這讓我很訝異，一般第一線的農漁民通常都會從實做中摸索出方法，但阿麟師卻是透過大量閱讀，瞭解相關的知識之後，才慢慢找出自己的配方。

農漁民最大的敗筆就是「行銷」，往往收成很好，卻賺不到什麼錢，中間的利益都被盤商賺走。於是八年前，當網路購物還未相當普及的時候，他就決定透過網路自產自銷，目前有九成以上的訂單，都來自於網路。儘管時至今日，阿麟師已在業界有小小的知名度，但別人看到的都只是他人前的風光，背後的辛酸還是鮮為人知啊！

白蝦 vs. 其他蝦種
比一比

白 蝦

收成時機）三～四個月

品種特性）因對環境的適應性高、抗病力佳，再加上肉質甜美，所以是目前是養殖的主流。

飼料種類）一般飼料（氨基酸液肥），加入眾多菌種、維生素和礦物質下去熬合，並經過四十八小時的發酵與轉換。

養殖方式）海水（顏色較深）與淡水（顏色較淺）養殖兩種都有，一般長 12 ～ 18 公分。

烹調重點）蒸、煮、炒、炸、烤皆適合。新鮮的蝦川燙時水上會浮起一層紅紅油油的蝦紅素，而且即使川燙的久一點，蝦肉與蝦殼也不會分離，燙熟的蝦會呈現彎曲狀，那時就能起鍋。

草蝦

為台灣最早開始養殖的蝦種，肉質較為厚實甜美，經濟效益高，但因飼養時間較長，育成率較低，所以售價較為昂貴。一般長 12 ～ 24 公分，適合蒸、煮、炒、炸、烤。

沙蝦

沙蝦與白蝦在外觀上非常相似，可從白蝦四片較圓的尾部，以及邊緣有紅色或粉紅色做為區別。也因沙蝦養殖時間較長，味道上又比白蝦多帶了一些清甜味，所以市面上很多人會以白蝦來假冒沙蝦販賣，購買時請多多留意。適合蒸或煮的料理方式。

泰國蝦

又稱長臂大蝦，有著大大的蝦頭，蝦味十足，是新一代的主流，現在很多釣蝦場及吃到飽餐廳，都是使用此品種蝦，適合蒸、煮、炸、烤、炒等烹調方式。

斑節蝦

又稱明蝦，因在腹節上皆有褐色的斜帶或橫帶的花紋而得名，體型大的斑節蝦在日本料理店又被稱為明蝦。野生捕獲通常用冷藏與冷凍的方式出售，人工養殖大多以活蝦出售，通常較小隻（約20公克）多為養殖蝦，50 ～ 200 公克以上屬於野生捕獲的，吃起來肉質厚實鮮嫩且富彈性，含有豐富的蝦膏，風味濃郁，是蝦子種類裡最受消費者喜愛的品種。製作成沙拉與焗烤都非常適合。

龍蝦

為蝦類中體積最大的，且還能再細分成約40種不同品種。一般龍蝦長相都差不多，有些品種就會有兩隻大大的螯（如波士頓龍蝦），體長大約18 ～ 35公分，體重從350 ～ 900公克最受歡迎，如果過大，肉質反而會過於乾澀。烹調方式跟斑節蝦差不多，什麼方式都很適合。

食譜

水果鮮蝦沙拉襯情人果乾

由於蝦子本身已經十分鮮甜，所以我僅用由玉井之門徐大姐送的新鮮鳳梨與情人果乾來襯托這蝦子的美味。料理的製作，除非是食材本身需要讓它入味，否則烹調時間越短，食材呈現出來的原味越多，營養成分也保留越多。

材料

美生菜 —— 80克
米酒 —— 30c.c
無毒蝦 —— 6 ～ 8隻
金鑽鳳梨 —— 80克
紅心芭樂 —— 80克
洋蔥 —— 60克
橙蜜番茄 —— 4 ～ 6顆
情人果乾 —— 50克
初榨橄欖油 —— 50c.c

做法

1　美生菜拔成手掌大小，泡入冰塊水約8 ～ 10分鐘後，取出瀝乾備用。

2　燒一鍋水，水內放入米酒，滾後放入蝦子燙至熟，取出泡入剛剛泡生菜的冰塊水內冰鎮，冰鎮完後去殼備用。

3　鳳梨、芭樂及洋蔥都切成大丁狀，橙蜜番茄切對半，情人果乾也切對半。

4　將所有食材盛盤，淋上初榨橄欖油即可。

食譜

迷你月亮蝦餅

月亮蝦餅一直是台灣人熟知的泰式美味，不過事實上它是台灣人所發明出來的泰式料理，反而在泰國吃不到。以前剁蝦泥的時候，為了避免蝦子釋出過多的水分，常常會混和魚漿或豬肉一起剁，但阿麟師的蝦，隨便剁，筋性就跑出來，絲毫不會變得湯湯水水的。由於蝦子本身已有鹹味，搭配上脆脆的餅皮一起煎，最後只要灑上少許的胡椒就很好吃。

材料

鯛魚肉 ── 100克
白蝦 ── 8 ～ 10隻
太白粉 ── 15克
鹽，胡椒 ── 適量
餛飩皮 ── 6張

做法

1 鯛魚肉及白蝦將水分吸乾後，利用刀子剁碎成泥，加入太白粉，調味。

2 取一張餛飩皮，將蝦泥放在中間，再蓋上一張餛飩皮，利用刀子拍扁，在餛飩皮上面利用刀子戳幾個洞，在煎的時候比較不會變形及容易熟。

3 取一平底鍋，鍋內放油，中火將蝦餅下去煎至兩面上色到熟化。

4 擺盤即可。

食譜

新加坡辣椒炒蝦

這道新加坡辣椒炒蝦,必須先將蝦子炸過之後,再以醬汁包裹。一般蝦子等殼炸到酥,裡面的蝦肉就已經是乾乾的,而阿麟師的蝦子不但不會,一咬開,還會有豐沛新鮮的蝦腦流出。

材料

薑 —— 15克
蒜仁 —— 20克
辣椒 —— 2根
洋蔥 —— 50克
青蔥 —— 10克
無毒蝦 —— 16隻
太白粉 —— 50克
米酒 —— 30c.c
番茄醬 —— 50c.c
水 —— 50c.c
糖 —— 20克
雞蛋 —— 1顆

做法

1　將薑、蒜仁及辣椒剁碎，如果不太能吃辣的人就將辣椒籽去掉、洋蔥切絲、蔥切花，蝦子剪掉鬚備用。

2　起一油鍋，油溫到達180℃後，將蝦子沾上薄薄的太白粉入鍋炸至酥脆，起鍋瀝油備用。

3　取一平底鍋，鍋內放油，冷鍋時就可以放入薑，辣椒及蒜碎，小火爆炒，至香氣出來，這時加入洋蔥絲續炒，之後加入米酒燒至無酒精味，放入番茄醬稍微炒一下後，再加入水及糖調味。

4.　將炸好的蝦子放入鍋內收汁，要起鍋時加入打散的雞蛋拌勻，盛盤後灑上蔥花即可。

好蝦，活的新鮮！冷凍新鮮？

顛覆以往活蝦才新鮮的觀念，選擇打撈起吐沙後經過急速冷凍的鮮蝦，才是王道！

蝦子的烹調方式實在是太多種了，每種方式其實都非常適合，重點還是不管用何種烹調方式，想帶殼或是去殼再煮，都不要烹調過頭即可。

整隻蝦帶殼清蒸，是最能保持蝦肉甜味的方法，營養也不易流失。蝦子在還未熟化前，蝦肉是呈現透明狀，熟化後會呈現白色，所以只要看到蝦肉剩下一點點透明時（約九分熟）就可以裝盤，因為撈起的蝦子還有餘溫，利用餘溫將蝦子悶到剛好熟，就是蝦子的最佳熟度，也就不會有烹煮過頭的狀況產生。

曾問過阿麟師如何判斷蝦子新不新鮮？他說，其實蝦子在生鮮的時候反而比較難分辨。好的蝦子川燙過後，鍋子表面會浮出一層紅紅油油的物質，那就是天然的蝦紅素，而且即使川燙的久一點，蝦肉與蝦殼也不會分離。如果蝦子的湯煮起來白白的，而且蝦子煮熟了呈現粉紅或黃紅色，就代表這個蝦子不新鮮。

活的最新鮮！冷凍最新鮮？

你知道嗎？蝦子不見得吃活的最新鮮！

這可能和普遍的觀念不同。蝦子打撈上岸後，因不停的抽動，導致背部的筋斷裂，所以也沒有辦法存活太久。因此業者會在打撈

上岸後，經過篩選，馬上冷凍，以保持其新鮮度，所以冷凍蝦的新鮮程度反而是可以信任的。

新鮮的蝦子，從外殼看起來是清透的。透光看時呈現晶瑩剔透的透明度，聞起來沒有特別的異味，摸起來蝦殼結實（換殼蝦摸為例外），頭部與身體連接緊實，蝦肉與殼密合，沒有任何內臟流出。反觀較不新鮮的蝦子則呈現灰白狀。新鮮的蝦肉煮熟後肉質結實，不帶腥味，咬起來有彈牙的感覺。

另外，建議最好不要買市售已經剝好殼的的蝦仁。為保持其脆度，大都會添加硼砂，越脆的蝦仁加越多，如果真的有需要，還是自己一隻一隻剝比較安心，蝦頭、蝦殼還可以拿來煮湯、熬醬汁，一舉兩得。

蝦的各部位分解圖

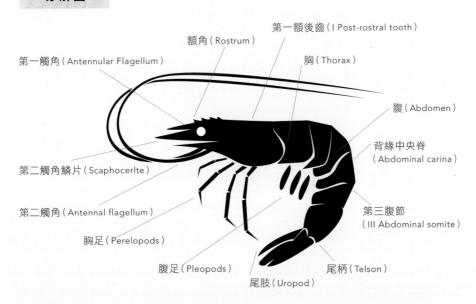

第一觸角（Antennular Flagellum）

額角（Rostrum）

第一額後齒（I Post-rostral tooth）

胸（Thorax）

腹（Abdomen）

背緣中央脊（Abdominal carina）

第二觸角鱗片（Scaphocerlte）

第二觸角（Antennal flagellum）

胸足（Perelopods）

腹足（Pleopods）

尾肢（Uropod）

尾柄（Telson）

第三腹節（III Abdominal somite）

11 / FISH&CLAM

魚蜆
料理

蜆仔上頭一圈圈的就是它的生長線，跟樹木的年輪一樣，一般來說，黃金蜆約養到八個月就可以收成，如果水質夠好，夠健康，甚可以長到一個手心那麼大。

食旅

花蓮壽豐 立川漁場

食譜

菠菜黃金蜆濃湯
溫煎活力鯛佐蒜味馬告醬汁
珍珠洋蔥芋頭心佐陳年酒醋

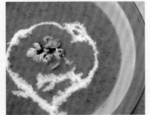

花蓮壽豐 立川漁場

好空氣與好水質，養殖出金色瑰寶

立川漁場座落於中央山脈與海岸山脈之間的縱谷平原之上，循著指標駛入小徑，放眼望去盡是魚塭。我想起築夢湖無毒水產的阿麟師與他的魚塭，對照著他草生栽培的無毒概念，發現這裡周遭的魚塭環境，也都是一片綠意盎然的景象。

離鄉背井於壽豐落腳

那時身處好山好水中的我，還不知道立川漁場創辦人蔡老先生的故事，會是那樣一段長途跋涉、離鄉背井的創業歷程。「故事要從一輛125c.c的摩托車說起……」，在涼風的吹拂下，負責接待我的呂經理，指著黑白的老照片娓娓道來。

當時三十五歲的他，懷著夢想，載著一家七口，騎著一輛125c.c的摩托車，翻山越嶺來到了東部開墾；最後落腳在河川交織如網的壽豐鄉，民國六十年他在原是台糖的養豬場土地上，成立了立川漁場，也就是從那時開始，他將不起眼的蜆仔，提煉成高經濟價值的蜆精，使壽豐鄉成為聞名全國的黃金蜆故鄉。

循環生態養殖，自然生生不息

「之所以叫做黃金蜆，是因為品種不同的關係嗎？」我想起一般傳統市場買到的蜆仔，外殼都是暗褐色的。其實立川所養殖的黃金蜆都是台灣蜆，跟一般的蜆仔並沒有什麼品種上的差

異，但因爲壽豐這個地區，空氣清新、水質優良，所養殖出來的蜆仔，就呈現它本來該有的色澤了。

呂經理說在他小時候，或更早阿嬤的那個時代，河川的水質還很清澈，在溪裡或灌溉溝渠裡，蜆仔常常是隨便撿就一大堆，有時候摸到的多了，晚上餐桌上就可以加菜；然而時至今日，水質受到嚴重污染，一般農村很難見到這樣的景象了。

那是個我不曾經歷過的年代，我想那一定是老一輩人童年記憶裡最珍貴的畫面；當長者凋零，我們是否還會知道台灣蜆眞正的面貌，就是在太陽底下會閃閃發亮的金黃色。

圖片提供：立川漁場

不只有台灣蜆，立川魚場也養殖鯛魚。運用水循環生態養殖的概念，使用階梯式活水養殖，上游養魚，下游養蜆。在養魚過程中，魚類排泄物會

行光合作用產生大量的綠藻，蜆便攝食藻類後排出清水，避免魚池大量的優氧化。由於藻類在池中行光合作用會吸收大量的二氧化碳，而蜆殼的形成也需要碳，學者研究指出，同面積的蜆池和同面積的森林相較，減碳效果多出了一倍半。

黃金蜆也有年輪

我忍不住脫了鞋襪，捲起褲管，要親自會一會這些我待會兒要料理的黃金食材。

園區內水僅深及小腿的「摸蜊仔兼洗褲體驗池」，事實上比真正的養殖池淺了很多。真正的養殖池水深及胸，漁人們在烈日下，不但要忍受頭頂一個太陽、水裡一個太陽的日曬荼毒，還要穿著笨重的青蛙裝（防水工作服）在池中移動。

我試著在池中撈著撿著，好幾次都只撿到空有蜆殼、沒有蜆肉的空包彈，好幾回在移動時都忘了雙腳被緊緊吸附在沙地上，因而重心不穩，幾乎跌坐池中。蜆仔喜歡躲在沙地裡，於是我直接將手伸到沙地底下去觸摸。

1、2. 立川漁場中的體驗池，捲起褲管在池中摸索，可感受摸蜊仔兼洗褲的樂趣。

3. 得天獨厚的地形、氣候，天然無污染的水質，湧泉活水經過壽豐玉過濾淨化，讓此處成為全球黃金蜆唯一養殖地。

4. 蜆仔上面一圈一圈的就是它的生長線，跟樹木的年輪一樣，在立川的文化長廊中可以一窺蜆的生長過程。

呂經理伸出小指，比著小拇指指甲一半的大小對我說，「你看你手上撿到的蜆仔這麼大，但事實上他們還是小寶寶的時候只有這麼小。」我看著他比的大小，再對照手中撿的到蜆仔，不由的覺得「生命的形成真的好奇妙」，尤其在我的兩個兒子相繼出生以後，我更有這樣的感覺。

呂經理接著說，蜆仔上面這一圈一圈的就是它的生長線，跟樹木的年輪一樣，一般來講，黃金蜆約養到八個月大即可收成。可是，別只為黃金蜆只能長到我們平常所看到的蜆仔那麼大，事實上如果水質夠好，蜆仔夠健康，甚至可以長到像一個手心那麼大，但因為經過研究，蜆仔在八個月的時候營養價值最豐富，所以大部分的蜆仔還沒變成「蜆瑞」的時候，就會先變成桌上的佳餚。

不過，無論是植物還是動物都有分公母，那蜆仔呢？有沒有分男生、女生？抱著強烈的好奇心，我再度提出了我的疑問。結果公母的辨認比想象中簡單，把蜆仔拿起來看，只要背部左右不對襯的，就是男生；背部左右對稱，就是女生了。

1. 立川漁場養殖的鯛魚，無論是用蒸的或是鹽烤，都各有風味。
2. 一大盤九層塔炒蜆仔，很好下飯。
3. 蛤蜊湯十分清爽。
4、5. 除了體驗摸蜆仔的樂趣，來到餐廳也有美食可品嘗

以敬天愛人的心，創造黃金蜆傳奇

呂經理說，老闆一家是虔誠的基督徒，從餐廳的名字「五餅二魚」[一]與文化長廊中將黃金顯蜆稱做「水中嗎吶」[二]，都不難看出聖經故事的端倪。平時老闆與他們相處，並不像雇主與下屬間的關係，反而比較像家人或朋友。我忽然覺得，「平和」或許就是一路支持立川至今的力量，與人為善、與土地為善、與大自然為善，尊重糧食，就是人類與大自然共生共榮的美好景象。

原來，養魚不止是養魚，養魚也是一種哲學。這是一趟豐富身、心、靈的旅程，從食材到餐桌，我感受到了他們的用心。

註一
有一天，約有五千人在聽耶穌傳福音，天黑了，野地裡沒有東西吃，當時有一個孩童，手裡帶著五個餅、兩條魚，於是耶穌就叫門徒把它們分給眾人吃，結果大家都吃飽了。而所謂「五餅二魚」，就是以少量的食物，經由耶穌的祝福，發給上千人吃飽，還有剩餘，被稱為「倍增分享」。

註二
嗎哪是摩攜帶領以色列人出埃及時，耶和華所賜予他們的渺小食物，雖毫不起眼，卻是支持他們維持身體營養及健康的奇妙東西。因此立川將黃金蜆稱為「水中嗎哪」。

哪裡買
Where to buy

立川漁場
地址：花蓮縣壽豐鄉共和村漁池路45號
電話：(03)865-1333
營業時間：蜆之館08:00～19:00，
五餅二魚餐廳10:00～14:00、15:20～19:30
網址：http://www.lichuan.tw/
宅配：壽豐鄉農會，代號621，帳號00032210145110，
戶名：蔡志忠；單筆滿3000元以上免運費，未滿需加收150
元運費

黃金蜆

產地）本土生產。

飼養時間）約八個月。

飼料種類）藻類。

蜆品種）台灣蜆。

公母分辨）背部左右不對襯的，是公的；背部左右對稱，是母的。

品質特色）產地坐擁得天獨厚的天然環境，以高山的湧泉水與精心培育的綠藻飼養，蜆殼因乾淨的水質呈現金黃色。

烹調特色）雖然鮮味不輸蛤蜊，但卻鮮少出現在西式料理中，主因是蜆肉太小，不好利用。中式料理會將蜆製作成小菜，或煮湯，比較沒有口感或烹調時間上的問題。

【買豆腐】
味萬田

地址：花蓮縣壽豐鄉共和村大同路1號
營業時間：08:00 ～ 17:00，週五公休

這個豆腐工廠藏得很隱密，門前找不到招牌，倒是屋簷底下，懸掛著三塊寫著藍底白字的「味萬田」布幕，感覺充滿日式氛圍。

廠長阿順（楊永順先生）與夥伴小魏都是台中人，兩個人放棄台北科技與藥品工作，來東部實現退休後的夢想，會做豆腐是因為小魏茹素多年，一方面為了吃得安心，一方面順勢創業，為此他們特別到新竹關西的傳統豆腐老店拜師學藝。

好豆、好水、好技藝

做出好吃的豆腐，第一要豆子好、第二水質要好、第三要手藝要好。

在豆子的選用上，阿順説，他們是使用蛋白質含量高的，加拿大進口的非基因改造有機黃豆；加上花蓮後山獨特的鹼性水源，可讓黃豆溶解出更多的豆蛋白，這成為倆人在此落腳的主因。一般做豆腐都是用熟漿過濾，而他們的方式是先將生豆磨完後再煮，被稱為「生漿過濾」，這種方式可以避免煮漿不均或煮漿過度的問題，並去除豆腥味，同時濾掉不好的糖類，吃了不易脹氣。

嚴謹製造同時兼顧環境永續

阿順説他們的板豆腐取名叫做「木棉豆腐」，傳統都是用木板和棉布製成；但考慮到木板長期使用易滋生黴菌，也就改成不鏽鋼模具。

他們還將舊醬油廠廢棄不用的醬缸槽體，改設計成污水處理設施，除了淨化水質，沉積的污泥也能進一步當作肥料使用。希望在運用花蓮好山好水製作豆腐的同時，也能夠在不污染破壞環境的前提下，讓自然永續。

吉安黃昏市場

地址：花蓮縣吉安鄉中華路、中山路口的吉安黃昏市場內，靠近南山五街的街區
營業時間：14:00 ～ 19:00

偌大的吉安黃昏市場裡，有著全台獨一無二的原住民野菜市集，地點就在南山五街的「邦查野菜街區」。整齊畫一的招牌下還以英文標明：「Amis Wild Vegetable」（阿美族野生蔬菜）。這是由於阿美族對於野生植物的認知相當豐富，光是知道可食用的野菜就超過兩百種，由於一年四季都有不同的野菜，大地就變成了原住民的傳統市場，每次採集，都像尋寶。

生鮮野菜，香料與嫩莖

攤子上販售的，除了生鮮野菜、瓶瓶罐罐的醃漬品，還有各類的糯米、紫米、小米、紅米，攤子上擺了熱騰騰的竹筒飯及嘟論（原住民麻糬），還有很多我叫不出名字的野菜，虛心請教老闆們，他們都會樂意告訴我食材名稱，及最佳的烹調方式。

其中，我最熟悉的就是「馬告」了。在春秋烏來餐廳工作的時候曾用它來料理鱒魚，當時用的是乾燥的馬告，由於它有淡淡的檸檬清香，磨碎之後灑在鱒魚上，爽口且去腥；此外，也可將馬告搭配八角等藥材一起燉煮牛肉麵，由於它的味道介於白胡椒與黑胡椒之間，加上檸檬的香氣，可以使牛肉麵的湯頭更加清爽。

我還發現原住民有很多嫩莖食材，如檳榔心、蘆葦心、芋頭心，我看那芋頭心小巧可愛，便買了一些。在這裡也看到很多西餐常用來擺盤、配菜的珍珠洋蔥，一般國外都是醃漬過的；由於它體積小、水分含量少，所以感覺洋蔥的味道整個被濃縮在裡面，辛辣味比較重，通常會搭配像豬腳或是香腸等主餐。

食譜

菠菜黃金蜆濃湯

西餐裡沒有蜆仔這個食材,比較類似的大概就是比蜆仔還大一點的「蛤蜊」,但水產的鮮甜度基本上都是類似的。綠色的湯汁底下,看不到蜆肉,所以湯匙每一瓢下去,撈到的黃金蜆肉數量都不一定,那感覺就像「摸蜆仔」一樣,未知中帶有驚喜。

材料

水 —— 500c.c
白葡萄酒 —— 50c.c
黃金蜆 —— 約30顆
菠菜葉 —— 150克
無鹽奶油 —— 25克
高筋麵粉 —— 25克
無糖鮮奶油 —— 50c.c
鹽,胡椒 —— 適量

做法

1 水加上白葡萄酒,再加上黃金蜆一起煮至黃金蜆熟化打開,將黃金蜆撈起去殼留肉備用。

2 煮完的蜆高湯取1/3加熱,將菠菜葉燙熟後利用果汁機打碎。

3 取一平底鍋,開小火,鍋內放入無鹽奶油,融化後放入高筋麵粉炒成糊化,這時慢慢加入剛剛剩的2/3蜆高湯,邊加入邊攪拌成濃湯,都糊化後再加入1/3的菠菜汁。

4 加入鮮奶油,調味,將剛剛取出的蜆肉放在湯盤內,淋上濃湯即可。

食譜

溫煎活力鯛佐蒜味馬告醬汁

活力鯛其實指的是台灣的吳郭魚，因為立川用湧泉活水養殖，魚體健康充滿活力，肉甜味美。許多人都不喜歡吳郭魚的土味，但只要加上一點點酒，或一點辛香料調味就可以避免。由於它的肉質厚實，無論煎、煮、炒、炸都十分適合。「馬告」又被稱做「山胡椒」，是原住民常使用來當調味料的食材，吃起來帶點檸檬與薑的清香，適合用以去除海鮮的腥味。

材料

活力鯛 —— 2片
青花菜 —— 1朵
黃甜椒 —— 2片
牛番茄 —— 2片
鹽，胡椒 —— 適量

蒜味馬告醬汁
蒜仁 —— 10顆
無糖鮮奶油 —— 150c.c.
馬告 —— 10顆
鹽，胡椒 —— 適量

做法

1　取一平底鍋，鍋內放油，開小火，將蒜仁整顆煎炸至金黃色後取出。

2　將炸好的蒜仁與鮮奶油跟馬告一起小火煮約7分鐘後，調味，利用果汁機打成泥狀備用。

3　活力鯛兩面調味，利用平底鍋，鍋內放油，開小火煎到兩面金黃色至熟化。

4　青花菜切小朵，黃甜椒切三角形，牛番茄切成舟狀，一起入鍋，中火炒至熟。

5　擺盤，附上醬汁，再撒上幾顆馬告即可。

食譜

珍珠洋蔥芋頭心佐陳年酒醋

曾經跟朋友爭論過這樣的觀點,他說,所有的食材,不是只能做成甜的,就是只能做成鹹的。我當時頗不以為然,其實芋頭就是一個最好的例子,它放在火鍋裡是鹹的,但煮成冷凍芋就是一道很好的甜品。我將芋頭心稍微炸過,並加入了珍珠洋蔥、番茄與陳年酒醋豐富它的味道,調和它單炒只有澱粉味的單調口感。

材料

牛番茄 —— 60克珍
蒜仁 —— 5顆
芋頭心 —— 4根
珠洋蔥 —— 6~7顆
陳年酒醋 —— 50c.c
鹽 —— 適量
糖 —— 適量

做法

1 牛番茄切大丁,蒜仁切對半,芋頭心切塊,苗的部分切成絲狀。

2 取一小油鍋,開中火,加熱至鍋內油溫約160℃,放入芋頭心去炸至外表金黃後,撈出備用。

3 取一平底鍋,鍋內放油,開中火,先炒香珍珠洋蔥及蒜仁,香氣出來後放入芋頭心及番茄續炒,加入陳年酒醋,調味,起鍋前放入芋頭心苗的部分。

4 盛盤後再淋上一些陳年酒醋即可。

安心食用貝類的祕訣

新鮮、適量！

貝類的鮮香，總牽動著味蕾，貝類的種類繁多，各有各吸引人之處，大的有口感，小的富滋味，在各式料理中都有精彩的演出。

貝類和其他動物最大的不同，是具有能分泌製造貝殼的外套膜，以及用來吃東西的齒舌兩種特殊器官。肉食性的貝類以小魚、小蝦或其他貝類維生，草食性的貝類則會吃些海藻或沈積有機物。

貝類種類多，選擇活體、浸泡活水

由於貝類沒有辨別海藻是否含有毒素的能力，因此，有毒藻類產生的毒素往往通過食

常見的食用貝類

黑鮑（俗名：鮑魚）Haliotis discus
以貝類來說，算是昂貴的食材之一，肉質厚實，在西餐烹調時通常都是用蒸的，或是水波煮，大約烹煮到7、8分熟來食用，因為全熟時就過硬，不好吃了。

九孔（俗名：雜色鮑）Haliotis diversicolor
因為殼上有九個孔，因而得其名，也稱之為小鮑魚，不過肉質比鮑魚更加軟嫩，所以烹煮時都是吃全熟，內臟部分較有腥味，所以怕腥味的人在食用時，可以將內臟剃除。

長牡蠣（俗名：蚵仔）Crassostrea gigas
就是生蠔。名產地的生蠔，價格不斐，好的生蠔生吃最能品嘗出其鮮味，當然，蒸、炸、烤、焗的料理方式也都適合。生蠔不一定是越大越好，也是看產地、品種與風味來區分等級。

物鏈被貝類吸收，因而通常稱這些毒素爲貝毒，若食用到帶毒素的貝類，輕則腹瀉，嚴重者可能危及生命。因此，除兒童、老人和病人應該盡量避免吃貝類外，盡量要選購活體貝類。

購買回來的貝類，可先在清水或活水中浸養一段時間，使其排出體內毒素，食用前再用清水洗淨。由於貝類毒素主要集中在腸腺，清除腸腺也可避免食入貝毒；烹煮時要讓水溫達到沸點，雖然不能把耐熱的毒素完全消滅，但至少可以減低微生物污染所造成的風險。最終，一次不要食用太多，吃時應該只吃貝肉中呈圓形的部分，避免食用周邊發黑的部位（貝類的內臟、生殖器及卵子）。

海扇 Patinopecten yessoensis
又稱為帆立貝，是食用貝柱的部分，也就是所謂的干貝，肉質鮮美，烹調上方式很多，生食、清蒸、炸、焗烤都很適合。

台灣蜆（俗名：喇仔）
Corbicula fluminea
味道不輸蛤蜊，鮮味十足，唯一缺點就是太小，所以西餐較少使用。而在中式料理裡，最常就是將半熟的蜆，浸泡在醬汁中，當作小菜來食用。

淺蜊（俗名：海瓜子）
Ruditapes philippinarum
比文蛤更有海鮮的鮮味，但因打撈上岸後較不易生存，所以單價較高，使用上自然就沒有文蛤來的廣泛。

文蛤（俗名：粉蟯）Meretrix lusoria
是最常使用的一種貝類，肉質甜美，鮮味佳，煮高湯時幾乎不用調味就能提出鮮美的味道，而在任何料理裡，都會散發出蛤蜊獨特的鮮味，是廚師最愛的食材之一。

貽貝（俗名：淡菜）Mytilus viridis
因肉質鮮美，在加工時就沒有添加任何味道，所以稱之為淡菜，在西餐非常廣泛被使用，涼拌、爐烤，清蒸都是不錯的料理方式。

蠑螺 Turbo cornutus
肉質結實有嚼勁但腥味較重，所以在烹煮時要將調味加重來降低腥味。

香螺（俗名：肉螺）
Hemifusus ternatanus
肉質厚實，本身味道淡，所以在料理上，都會使用較重口味的方式來做烹調。

鳳螺（俗名：花螺）
Babylonia areolata
與香螺味道差不多，但口感更硬，料理上通常都是使用燉煮的方式，讓其入味也讓肉質軟化。

12 / CHILI

辣椒料理

這種名為「神香」的辣椒品種，肉質厚實且清脆，做為剝皮辣椒最適合，而鳳林鎮的少雨氣候，讓辣椒日照充足，因此辣度平均，色澤也鮮豔。聊著聊著，林老闆告訴我一個秘密，他說，辣椒尾端其實是甜的，一點也不辣。

食旅

花蓮鳳林 金品醬園剝皮辣椒

食譜

剝皮辣椒燻鮭魚捲

食旅

花蓮鳳林
金品醬園剝皮辣椒

嗜辣者難以戒掉的勁辣極品

曾經幻想過剝皮辣椒廠裡的味道，覺得可能聞起來鹹鹹的、辣辣的，就像開封後的剝皮辣椒一樣。可是一走進明亮的廠房，卻發現這裡好乾淨，而且空氣中絲毫沒有嗆鼻的辣味。工廠裡好幾籃綠色的辣椒，幾個大姐正專注地去掉辣椒上面的蒂頭，我感到有點納悶，不是已經有剝皮辣椒機了嗎？怎麼現場還有這麼多工人？陳老闆說，這是為了讓當地的人有工作做。鄉下地方沒有工廠，他養一些工人，不但能解決鄉下有需要時卻找不到人應付燃眉之急的窘境，也提供一些就業機會，讓他們不要離鄉背井。

改良軍中醃辣椒，剝皮讓口感更好

但誰會想到「剝皮辣椒」這項我們所熟悉的東部特產，居然是由一個屏東來的外地人發明的。陳秋金不但是「剝皮辣椒」的創始人，更是全台唯一一台「剝皮辣椒機」的發明者。

回憶起當年，陳老闆說，他當兵的時候，每次行軍一走就是四十五公里，放飯的時候，廚房送便當過來，米飯上會往往放上三條醃好的辣椒，雖然當時軍中伙食辦得並不豐盛，但那三條辣椒就足以讓食慾大增，不用

1. 綠色的辣椒才可以用來製作,若紅了就會變軟不好處理。
2. 台灣第一,也是唯一的一台,由陳老闆研發的剝皮辣椒機,可將炸過後的辣椒完全去皮。
3. 會想到用剝皮辣椒創業,陳老闆說全來自於當兵時的伙食靈感。

別的配菜,就能稀哩呼嚕吃掉一大碗白飯。然而他發覺,辣椒雖然好吃,但它的皮很硬,嚼起來口感很不好,於是他退伍後就將辣椒改良,剝皮醃製,口感果然提升,推出後大受歡迎。

由於一開始沒有機器,所有的生產過程都必須仰賴手工。新鮮的辣椒採集下來之後,必須清洗乾淨、去掉蒂頭,然後透過高溫油炸的方式,使表皮脫離,接著用手剝掉辣椒皮、去掉辣椒籽,最後才放入瓶中,加入調味料醃製。表面上聽起來好像很簡單,但實則相當費工。辣椒的單位體積小,皮又不好剝,往往努力了半天,

一天才只做得出幾瓶。

陳老闆說,一開始做剝皮辣椒真的很辛苦,所以手工量產之後他開始找機器,但台灣當時找不到符合他需求的。由於讀書時代時有機械科背景,再加上一些簡單的原理和概念,他試著自己畫機械設計圖交給廠商去做;在花了十九個月的苦思之後,躺在紙面上的設計圖,終於躍升為實體,成了全國第一台「剝皮辣椒機」。

透過這台機器,只要把洗淨去好蒂頭的辣椒倒入,就能自行運作,從分量、油炸到剝皮一次完成,整個過程

節省了很多時間成本，也因此產量從以前一天僅能做十瓶，提高到現在一天已能生產出一千多瓶。

機器至今一用就是二十年，靠著它，陳老闆把「剝皮辣椒」這樣的美味，送到了愛好吃辣人的餐桌。然而他並沒有因此而停滯不前，他說他還在研發，希望能夠改良機器，做出更美味、更節能，也更健康的剝皮辣椒給大家享用。

他謙虛的表示，做的這個事業圖的只是個小眾市場，做辣椒不像做餅乾，那麼老少咸宜。十個人之中，只要有三個人吃辣就不得了，但辣椒對許多嗜吃辣的人像鴉片一樣，這一餐吃完，下一餐還是不能沒有它。

與農民契作，保證收購價格

桌上堆積如山的辣椒裡，清一色都是綠色，偶爾會發現幾支紅色的，但基本上，這都不能用，看到就要挑出來。陳老闆說因為辣椒紅了，皮就變得不好去除，口感也比較軟，不好吃，所以得趕在辣椒轉紅之前的前兩個禮拜，就進行採收。這種名為「神香」品種的辣椒，不但肉質厚實清脆，辣度也剛剛好，非常適合拿來

辣椒剝皮 4 步驟

辣椒撥完皮之後還要去籽，同時把白色的心拉掉，然後才能裝在瓶中，以醬油和香料醃漬，最後真空加蓋，再送入冰箱冷藏。因為金品醬園的辣椒沒有添加防腐劑，所以開封後需四個月內食用完畢，才不至於放到壞掉。平常我們去旅遊，所看到的剝皮辣椒都是放在室溫的環境下販賣，但陳老闆說，剝皮辣椒要放冰箱，才能維持它脆脆的口感，所以他通常都會建議客人，買回去就放冰箱。

1 將炸過的辣椒外皮剝去

2 剖開辣椒

3 去除白色的心與籽

4 剩下完整的辣椒果肉才可以進行後續的醃漬

知名的剝皮辣椒來自於花蓮鳳林的鄉間。

做「剝皮辣椒」。加上鳳林鎮得天獨厚的少雨氣候，使得辣椒的日照相當充足，所以生長出來的辣椒，辣度平均、色澤鮮豔，品質相當優良。陳老闆與附近的農民契作，並以保證價格跟他們收購，不但讓他們有工作做，還為日漸凋零的農村保留了一線生機。

我坐下來想幫洗好的辣椒去蒂頭，做剝皮辣椒的大姐則趕緊拿了三雙手套給我。這時陳老闆在一旁出聲了：「別小看這些辣椒，上次電視台來拍，就有一個女外景主持人因為沒有戴手套剝辣椒，辣到都哭了。」這話可不是開玩笑，我想起之前也曾經幫餐廳同事做過兩公斤的剝皮辣椒，當時只戴了一層薄薄的手扒雞塑膠手套，結果切完辣椒那晚回家，整隻手都感覺痛痛脹脹的，令人難以入眠！

有機器真的快很多，新鮮辣椒倒下去，一下子皮就剝好了；以前人工剝皮要七個小時，現在卻只要一個小時的時間，就能讓五百公斤的辣椒，從翠綠飽滿的皮衣皮褲進去，之後脫個精光出來。陳老闆準備了一些油炸過後的辣椒給我剝皮，沒想徒手還真的不好剝，辣椒皮無法一次就完整地撕下來，得經過數次剝除才會乾淨。果然，剝下來的皮真的很硬，拉開來就完全像塑膠一樣，沒有彈性，更別提放入口的口感。

1、2.當地的工作人員圍著辣椒先處理蒂頭，陳老闆讓他們在家鄉就可以就業。

如同到吃甘蔗，尾甜頭辣

陳老闆這時告訴了我一個秘密，他說，其實辣椒的尾端不辣，吃起來是甜的。「什麼？你說這辣椒不會辣？還會甜？是真的？假的？怎麼有可能？」這真的是挑戰我的認知極限，雖然我在做料理時，也沒真的把辣椒的尾端拿起來啃過，但是我的心裡滿是問號。

陳老闆說完馬上就拿起一根剛剝完皮的辣椒，朝著它的屁股咬了一口。「你看！真的不辣啊！我沒騙你啦！」看著陳老闆吃得這麼真誠，我也忍不住想試試。於是眼一閉、心一橫，也抓了一根辣椒狠狠的朝它的屁股咬下去。的確，就像陳老闆所說的，是甜的，真的不辣！

為了要瞭解剝皮辣椒的辣度，並實際運用在料理上，我試了苦茶油剝皮辣椒與一般的剝皮辣椒。苦茶油剝皮辣椒的辣度比較溫潤，據說還有潤胃的功效。陳老闆接著拿出一罐紅紅的剝皮辣椒，他說這是朝天椒剝皮辣椒，全省只有他在做，由於辣椒皮是紅的，很難去除，所以產量很少。至於味道，我實在無福消受，只能請各位自己吃吃看了。

哪裡買
Where to buy

金品醬園剝皮辣椒
地址：花蓮縣鳳林鎮中正路二段468號
電話：(03)876-2233
營業時間：08:00～19:00，全年無休
網址：http://jinpin.ablaze.com.tw/
宅配：劃撥帳號06671923，戶名：陳秋金

剝皮辣椒

產地）本土生產。

辣椒品種）神香。

收成時機）辣椒轉紅前的兩週進行採收。

烹調口感）剝皮辣椒本身擁有爽脆的口感，如果經過加熱，這樣的口感就會失去，因此最適合的還是以涼拌的方式入菜，或製作成醬汁（類似莎莎醬）。

品質特色）不死鹹，雖然經過醃漬但口感與辣椒的香味還是保存得很好，雖然辣，但辣的有層次、有深度。

剝皮辣椒燻鮭魚捲

多數人會認為剝皮辣椒是一種很台式的醃漬小菜，沒有辦法與西式料理結合，但偏偏煙燻鮭魚與剝皮辣椒味道的契合度卻是難以想像的對味。不但簡單好做，這樣的組合還可以成為一道非常漂亮的開胃菜，用來宴客也十分得體。

材料

洋蔥 —— 20克
白蘿蔔 —— 25克
煙燻鮭魚 —— 3片
剝皮辣椒 —— 1根
酸豆 —— 2顆

做法

1　洋蔥切絲備用，白蘿蔔切成粗絲狀用水沖洗約5分鐘（讓生味不要那麼重）後，撈起瀝乾備用。

2　煙燻鮭魚對半折，將剝皮辣椒捲起，再以同樣的手法將白蘿蔔及洋蔥絲捲起。

3　利用噴槍將白蘿蔔鮭魚捲的鮭魚噴上色，擺盤即可。

13 / RICE & TOFU

米、豆腐料理

孟臻姐說，日曬米有一般機器烘乾的米所吃不到的風味，碾好的日曬米，其實不像市售的白米那麼白，捧在手心上溫溫熱熱的，感覺很有生命力，還帶著暖暖的日光香氣，這就是「天然」的味道。

食旅

花蓮富里 月荷塘

食譜

米麩麵包芋泥西多士
有機豆干奶油日曬米蛋捲
柴魚花火山炸豆腐
火山豆腐可樂餅附剝皮辣椒塔塔

花蓮富里 月荷塘

遠離都市，身處現代桃花源的有機人生

透過高雄築夢湖無毒水產的阿麟師與阿麟嫂介紹，我來到了花蓮最南方的富里鎮，尋找他們口中讚不絕口的「有機日曬米」與「有機農夫麵包」。

車子從台九線轉進羅山村，一望無際的秧田夾雜著交錯縱橫的鄉間小路，三面環山、遺世而獨立的聚落景象，這裡，正是台灣的第一個有機農業村─羅山有機村。

我們拜訪了羅山村裡面的新住民，月荷塘鄉村民居的主人蓁桓大哥與孟臻姐。蓁桓大哥與孟臻姐跟我一樣來自台北，這對年輕的夫婦，在偶然的機會下，旅行到了羅山村，沒有考慮太久，就決定放下都市的一切帶著小孩子移居羅山村，種起稻米，開起了民宿。

日曬米，自給自足

放眼望去，羅山村遍地都是稻田，蓁桓大哥和孟臻姐不是當地唯一種稻的農家，卻是唯一用傳統日曬法曬米的農夫。

蓁桓大哥說，他們一開始在門前曬米，夏天的時候，穿著短袖，稻穀上的稻芒（稻穀上的細毛）飄到身上，總會令人全身發癢。曬過的稻穀，其實裡面還有一些稻草和小石頭那樣的小雜

1. 曬過的稻穀，其實裡面還有一些稻草和小石頭那樣的小雜質，必須先用機器過濾掉，才可以進行碾米的動作。

2. 田間收成的稻穀，脫去最外層的穀殼（粗糠），就是「糙米」，也因此，它保留了稻米最完整的營養。

3. 脫殼的過程中，還是會有些衣服沒有脫乾淨的漏網之魚，受損的、不良的米粒也要一顆顆挑出來。

質，必須先用機器過濾掉，才可以進行碾米的動作。就算是自動化生產的工廠，常常都還留有一部分的人工，來挑揀一些不合格的瑕疵品，因為機器是冰冷的，再怎樣精製，仍無法完全取代手工，雖然費時費力，一想到有人可以品嘗到乾淨無雜質的米，就覺得值得。

去完雜質的稻穀進了碾米機，我看著金黃色的稻穀，脫去了外衣，嘩啦啦的從洞口流出來，有一股說不出來的悸動。碾好的白米，其實不像市售的白米那麼白，但捧在手心上熱熱的，感覺很有生命力，還帶著暖暖的日光香氣，這就是「天然」的味道。孟臻姐說，日曬米有一般機器烘乾的米所吃不到的風味，通常新米煮飯放水的比例是1:1，也就是一杯的米要對一杯的水，但由於日曬米的保水度夠，所以一杯米只要對九分滿的水就夠了。

自己種米自己吃，要吃多少就自己碾，這種「自給自足」的生活，真的會讓人對周遭環境少了一份挑剔，多了一份感恩。

粗糠及細糠善加利用

碾好的米會出現兩袋廢物,粗糠及細
糠,但其實碾米過程中產生的這些廢
物,都是可以回收利用的!「粗糠」指
的是稻穀最外層的穀皮,它可以和在土
壤中當成肥料,也可以鋪在菜苗周邊,
防止蝸牛爬過;而「細糠」也就是我們
一般所說的米糠(米麩),是精製白米的
過程中脫下的第二層衣服,裡面含有米
糠和胚芽,營養價值高,因此常被拿去
養雞、養鴨;而小雞吃了這個,比較健
康不容易軟腳。

認眞製作,充滿敬意的米麩麵包

看過了日曬米的碾米過程,走進廚
房,這時的綦桓大哥已經穿上了廚師
服走出來,準備開始教我做麵包。低
頭看看自己身上的裝扮,穿著圍裙的
我氣勢完全被比下去了,但從另一方
面,可以看得出他很尊重他的麵包。

桌上放了有機雞蛋、有機麵粉、有機
米麩、鹽巴、水與天然酵母。首先,
要在麵粉堆上挖一個洞,加水和勻,
這時候要注意水不要讓它流到檯面

下,否則麵粉與水的比例就會跑掉。
其實不管做料理或做烘焙,道理都一
樣,必須一步一步按著步驟來,東西
才會好吃。就像揉麵的時候,鹽巴要
最後加,因為它會抑制酵母,阻礙發
酵,到最後才加入蛋液和米麩。

明明我和綦桓大哥桌上放的都是一模一
樣的材料,但揉起來,兩個人的麵糰黏
性就是不一樣。綦桓大哥說,如果手溫
高,麵粉的黏性就會比較高。

綦桓大哥說,揉麵糰要三光:手光、

1.米麩麵包的材料有有機雞蛋、有機麵粉、有機 米麩、鹽巴、水與天然酵母。
2.揉麵要手光、桌面光、麵糰光。
3、4.穿上圍裙的慕桓大哥，神情專注地進行麵包的製作，投注的是 100% 的專業與對麵包的尊重。

桌面光、麵糰光。一開始勻和麵糰的時候，盡量用「壓」的，不要用「揉」的；因為用壓的，麵糰的筋性比較不會展開來，所以就比較不黏手，也不需要加很多麵粉去保持手部的乾爽。這種用這「壓」的方式，讓我聯想到做「派」，一般做派的時候都會加上一些奶油，如果派皮出筋了，奶油就會被排擠出來，這樣派皮就會變得很油、很難吃。

烘焙，幸福香氣飄散

其實他們會做麵包純粹是個意外。當初只是想提供給來住宿的客人當早餐吃。但後來越來越多客人覺得他們的麵包很好吃，便賣起了有機麵包。

「你聞到沒？聞到沒？」麵包才送進烤箱之後沒多久，屋內瀰漫著一股米麩的香氣。孟臻姐驕傲地說「真的很香，

對吧！」她說每次烤麵包的時候，後面廚房裡的麵包香味就會傳到前面的客廳裡，做法國麵包的時候，空氣中會瀰漫著甜甜的香氣，等到烤另一種口味的麵包時，空氣中又會是別種香氣了。我看著她的笑臉，聞著濃濃的麵包香，心裡突然體會了慕桓大哥所追求的第二種味道，叫做「幸福」。

剛出爐的麵包很軟，咬一口，熱騰騰的米麩香氣揉合在口腔中，讓我想起剛剛揉麵糰的情景，感覺很溫暖。慕桓大哥指著麵包上畫出來的裂縫說，因為除了做麵包，他們自己還種稻米，所以他畫了一個「秧苗」的圖騰，而我們正在享用的米麩麵包，就是用慕桓大哥自家生產的「米麩」做的。米麩是米的加工製品，將糙米炒熟再磨成粉，就成了米麩。早期農村社會，許多人家經濟不寬裕，買不起奶粉，就會把米麩給嬰兒當作副食品，直到現在，還有許多老人家會買米麩，當作營養補充的來源。

充滿趣味的農村新生活

飯桌上的氣氛很溫馨，雖然在離家那麼遠的地方，感覺卻好像在自己家吃飯一樣。慕桓大哥和孟臻姐談起在羅山村的農村生活，似乎就有講不完的趣事。孟臻姐說，他們一開始種菜的時候，菜苗一發芽就很開心，結果隔天再去巡視，通通都被蝸牛拿去祭五臟廟，這情況常常讓她看著空空的菜田發楞，邊抓著頭邊回想：自己到底有沒有種過。

從都市到鄉村，我看到他們得到的，是另一種樂趣，客廳裡放著舒服的音樂，而餐桌上的歡笑聲，似乎從沒間斷過。「有些事情你現在不做，可能一輩子也沒機會做。」這句話我以前就聽很多人說過，但從慕桓大哥口中講出來，卻很有說服力。我想，人生不管遇到順境、逆境，只要把它當作一個人生體驗，活在當下，日子真的就會快樂許多。

1. 從都市到鄉村，一切回歸最單純的生活方式，一家人反而擁有更多的笑聲與幸福。
2. 一邊種稻，一邊開民宿，可愛的家同時也提供給旅人溫暖一宿。
3. 來到這裡不只享受台灣的東部山景之美，還有稻香之美。

哪裡買
Where to buy

月荷塘鄉村民居
地址：花蓮縣富里鄉羅山村東湖53號
電話：(03)882-1811
傳真：(03)882-1833
營業時間：11:00 ～ 17:00，週二、五有麵包出爐，週一公休
網址：http://tw.myblog.yahoo.com/joanleng1975/
宅配：貨到付款，運費約150 ～ 240元之間

月荷塘日曬米

產地) 本土生產。

稻米品種) 高雄139。

種植時間) 一年兩收。第一期約在六月底七月初，第二期約在十一月中十二月初。

稻米產量) 約600 ～ 700台斤。

烹調口感) 通常新米煮飯放水的比例是1:1，也就是一杯的米要對一杯的水，由於日曬米的保水度夠，所以一杯米只要對九分滿的水就夠了。

品質特色) 除有機種植外，日曬米有一般機器烘乾的米所吃不到的日光香氣與風味。

【做豆腐】
大自然體驗農家

地址：花蓮縣富里鄉羅山村12鄰58號

電話：(03)882-1352、0939-327628林小姐

營業時間：泥火山豆腐體驗需電話預約，最晚前一天預約

位在距離羅山有機村月荷塘不遠的山上，有著一家做泥火山豆腐做了近百年的大自然體驗農家。由於羅山村擁有特殊的泥火山地形，早期居民發現這裡的泥火山水有鹹味，並含有氯化鎂（鹽鹵的主要成分）的成分，於是就拿來代替鹽鹵；而在台灣，也只有在羅山，才能吃到泥火山豆腐。

現做現喝，豆香滿溢

這裡所使用的黃豆是經過栽培認證的花蓮農業改良場「大豆花蓮1號」非基因改造品種，而且都是林老爹和淑萍一家自己栽種的，由於產量不多，僅提供遊客體驗。

說著說著，淑萍提了一桶黃豆出來，並在一旁的老石磨上安上了拉桿，將黃豆倒進石磨小圓洞裡。隨著石磨的轉動，濃濃的豆泥緩緩流了出來。磨好且稀釋後的豆泥水，裡面含有豆漿和豆渣，必須放到大灶裡面一起煮滾，為的是瀝掉豆渣，我突然想起當兵的時候也曾經做過幾次豆漿，和此時一樣，我奮力的不停攪拌，深怕豆漿燒焦。

新鮮的清漿，豆香味很濃郁，不加糖就很好喝，加上一點點砂糖，更能呈現其風味。喝完豆漿，淑萍舀了一瓢清澈的泥火山水要我沾一點，「哇！真的好鹹！」這時，大鍋中的豆漿已經煮滾了，我們慢慢地把泥火山水加進去。無色的泥火山水一進到鍋中，豆漿馬上產生了變化，看起來就好像我們喝的鹹豆漿一樣。因為泥火山不會鎖水，只有豆蛋白會凝結起來，因此泥火山豆腐吃起來也比較扎實。

靠全身力量壓出扎實豆腐

凝結的差不多以後，接著就是瀝水壓模成形了。此刻聞著濃濃的豆腐香，我已是飢腸轆轆。不過，想吃一塊完整漂亮的豆腐，可要先花點力氣。林老爹告訴我，壓豆腐手不能彎，要用整個身體的力量，撐住板模，使豆腐均勻受力，不然會厚薄不一。本以為我這個年輕人，力氣已經很大了，但林老爹上場一壓，還是可以聽到涓涓的水聲流出來，讓人不禁汗顏。

剛做好的豆腐，最能吃出它的原始風味，夾了一塊送進嘴裡，果真豆味十足、口感扎實，不沾醬就很好吃，加上是自己做出來的，感覺更是不同。

透過上天賜給這個地方的鹽鹵，加上天然的製作過程，和對食物里程零碳化的堅持，口中的泥火山豆腐，頓時也有了「健康、幸福、天然」這樣的味道；從口腔中一直延伸到心底。

泥火山豆腐製作

1 將黃豆放入石磨中，磨出豆漿

2 清漿倒入大鍋，邊攪邊煮至沸騰

3 將煮熟的豆渣舀到棉布上

4 用擠壓的方式，擠出多餘水分，並且塑形

食譜

米麩麵包芋泥西多士

西多士也就是French toast法國土司，起源於法國，在歐美是很普遍的早餐料理，在香港茶餐廳常見的下午茶選項。一般為加入蛋汁油煎的吐司，可以佐以牛油及糖漿，有時會在麵包中間塗上果醬或花生醬。當然也可以依照自己的喜好與創意，像我一樣西式做法搭配台灣獨有的芋頭餡料，也能讓西多士有不同的表現。

材料

雞蛋 —— 1顆
牛奶 —— 50c.c
紅葡萄酒 —— 10c.c
米麩麵包 —— 2塊

芋頭內餡
芋頭 —— 150克
無糖鮮奶油 —— 100c.c
糖 —— 30克

做法

1　芋頭利用水煮（或蒸）約12分鐘至鬆軟，加入無糖鮮奶油及糖拌成內餡備用。

2　雞蛋打散，加上牛奶及紅葡萄酒拌勻備用（紅葡萄酒可以壓掉蛋不好的味道，又可增添一些葡萄的風味）。

3　米麩麵包（一般全麥麵包亦可）切對半，中間抹上芋頭餡，外面沾上調好的蛋液汁。

4　取一平底鍋，鍋內放入稍微多一些油，開中火，將沾好蛋液的麵包放下去，利用半煎炸的方式將兩面煎上色後取出瀝油。

5　要食用可沾上煉乳或是蜂蜜即可。

食譜

有機豆干奶油日曬米蛋捲

做西式燉飯的時候，通常都會選用義大利短米，但糙米口感厚實，擁有像義大利長米耐炒、耐燜、耐煮的特性，加上日曬米的保水度又比一般的米來得高，煮起來不至於太乾、太硬，用它來替代義大利長米，吸收湯汁裡的香氣，這樣的嘗試也是有趣的經驗。

材料

日曬糙米 ── 150克
水 ── 150c.c
蒜仁 ── 30克
洋蔥 ── 40克
雞蛋 ── 1顆
有機豆干（白豆干）── 1塊
白葡萄酒 ── 30c.c
青花菜 ── 50克
無糖鮮奶油 ── 80c.c
水或高湯 ── 80c.c
鹽，胡椒 ── 適量

做法

1 糙米洗淨後，加入水利用鍋子或電鍋煮熟備用，白豆干切成丁狀，蒜仁跟洋蔥切碎，青花菜切小朵備用。

2 取一平底鍋，開小火，鍋內抹上少許的油，將蛋打散後倒入煎成蛋皮備用。

3 利用剛剛的平底鍋，開中火，鍋內放油後先放入白豆乾丁炒，稍微上色後放入蒜碎及洋蔥碎，香氣出來後倒入白葡萄酒燒至無酒精味，倒入無糖鮮奶油及水或高湯，調味。

4 這時在放入糙米，煮至醬汁快收乾時放入小朵青花菜繼續拌炒至熟。

5 將煮好的燉飯放入蛋皮內捲起，切成段狀，擺盤即可。

柴魚花火山炸豆腐

由於泥火山豆腐比一般豆腐帶有韌性，不容易散掉或斷裂，所以炸出來的豆腐很挺很漂亮，吃起來口感也非常扎實。豆腐本身是沒有太多味道的食材，大多數時候會賦予它其他的味道，但為了品嘗其本身的豆香，僅使用剝皮辣椒作為醬汁，成為帶有日式風味的料理。

材料

火山豆腐 —— 6~8塊
剝皮辣椒 —— 2條
剝皮辣椒汁 —— 50c.c
味醂 —— 30c.c
高筋麵粉 —— 50克
雞蛋 —— 1顆
柴魚片 —— 100克

做法

1 將火山豆腐（可用板豆腐或雞蛋豆腐取代）切成正方形的形狀，稍微靜置約5分鐘讓豆腐出水。

2 剝皮辣椒稍微剁碎，加入剝皮辣椒汁內，加入味醂成醬汁備用（也可加入適量的蘿蔔泥，味道更棒）。

3 豆腐依序沾上高筋麵粉，蛋液，柴魚片（順序不可以顛倒）。

4 取一油鍋，鍋內油溫約180℃，放入柴魚豆腐炸約3分鐘至酥脆，取出瀝油。

5 出時附上醬汁即可。

食譜

火山豆腐可樂餅附剝皮辣椒塔塔

將泥火山豆腐裏上麵包粉，替代傳統的馬鈴薯做成可樂餅，剝皮辣椒取代同樣是醃漬品的酸黃瓜，調合成塔塔醬，酥脆的口感與甜中帶點些許辛香的氣味，滋味十分契合。

材料

火山豆腐	2片
高筋麵粉	30克
雞蛋	1顆
麵包粉	30克

塔塔醬

美乃滋	100克
水煮蛋碎	1顆
洋蔥碎	30克
剝皮辣椒	15克

做法

1. 燒一鍋水，在鍋內加入鹽跟醋，放入雞蛋，由冷水煮至滾後關小火煮至雞蛋全熟（過程約13分鐘），放入冰水內冰鎮。

2. 將水煮蛋去殼，蛋白切碎，蛋黃壓碎，加上洋蔥碎及弄乾的剝皮辣椒碎，與美乃滋混和成塔塔醬。

3. 將火山豆腐（可用板豆腐或雞蛋豆腐取代）切成正方形，厚約1.5公分的形狀，稍微靜置約5分鐘讓豆腐出水。

4. 豆腐依序沾上高筋麵粉，蛋液，麵包粉（順序不可以顛倒）。

5. 取一油鍋，鍋內油溫約160℃，放入沾好的豆腐豆腐炸約3分鐘至酥脆，取出瀝油。

6. 擺盤，附上醬汁即可。

從糙米到白米，以及各式西式米

米不但是主食，可以加工再製成各式各樣的米製品，因米的品種、特性而發展出來的各國米料理更是五花八門。

一般人大概都曉得白米是精緻過後的糙米，有人將糙米稱之爲「粗食」，但其實在稻穀轉變爲糙米、胚芽米與白米的過程之中，糙米所含的營養是最高的，其次就是胚芽米，最後才是白米。田間收成的稻穀，脫去最外層的穀殼（粗糠），就是「糙米」，也因此，它保留了稻米最完整的營養，日本人又稱這樣的米爲「玄米」；糙米再去除米糠層，保留胚芽，就是「胚芽米」；胚芽米再輾去胚芽，剩下的胚乳，就是我們平常所看到的「白米」了。

B群存在糠層和米胚中

未經過精製的稻米，反而擁有較高的營養價

西式料理中常見的米

西式燉飯、烤飯，哪種米最適合？

西式燉飯是許多人喜愛的食物，以目前市面上常見的西式品種來說，「義大利短米」是一般廚師最愛也最廣用的。在義大利做這道料理，都是用高湯以「生米煮成熟飯」的方式，慢慢拌炒至8、9分熟（Al Dente）做成燉飯（Risotto）來食用。傳統的燉飯米心是生的帶有口感，但在台灣的接受度不高。正因為這種米耐煮，所以當米粒充分吸收高湯的鮮味後，還是可以粒粒分明。

有的人以為泰國米較硬，便拿來做西式燉飯，這觀念其實是錯的，因為泰國米吸水度差，沒有辦法吸收高湯的味道，硬要煮久的話，米粒就變得軟爛，並不適合作為燉飯使用。

值。稻米中含有70％的澱粉，剩下的則是水分和蛋白質，就營養價值而言，稻米中的維生素B群主要分佈於糠層和米胚中，外層的維生素含量高，越靠近米粒中心則越低，若長期食用高度精製的白米，無法補充人體需要的維生素B1與礦物質。很多人以為吃澱粉容易發胖，但其實油脂才是真正該減少攝取的，若以稻米（米麩）取代部分的麵粉製作成麵包或其他甜點，可以減少奶油加入的量，不但比較健康，也不容易發胖。

一顆米四個階段		
種類	服飾型態	功用
稻穀	冬裝-包覆黃皮大衣（稻殼）	收割後的迷人丰采，金黃耀眼
糙米	秋裝-脫去稻殼（粗糠）	營養最高，口感最硬
胚芽米	春裝-脫去米糠層，保留胚芽	營養介於白米與糙米之間
白米	夏裝-連吊嘎都脫掉了	營養價值最低，但口感最好

至於西班牙最著名的海鮮烤飯，最適合透過西班牙米來吸收海鮮的鮮味，其中加入最昂貴的香料「番紅花（Saffron）」，也是視覺與風味的來源。

義大利短米
為北義的主食，因為每年只採收一次，所以米粒比台灣米大快兩倍，因為較大顆，所以也就不太容易煮熟。

西班牙米
外觀上大小與台灣米差不多，但米粒非常會吸水（大約1:3），所以做西班牙烤飯（Paella）再適合不過了。這道料理做法很簡單，將高湯與番紅花混和泡開，讓番紅花的香氣與味道都散發出來，放入銅鍋中，與西班牙米混和，上面擺上大量又新鮮的海鮮料，進入烤箱烤到一樣是8～9分熟，取出直接食用，其特色就是在鍋邊還有烤香的鍋巴，讓飯的口感及味道有了更多的層次。

泰國長米
泰國長米吸水力不佳，若吃起來口感較乾硬，是因為在煮米時放的水不夠多（約1:0.8），以烹煮方式來說，泰國長米只適合直接食用或是拿來炒飯。

北非小米
這其實是一種錯誤的名稱，是因為外觀很像小米而得其名，正確名稱應該稱之為「北非硬麥」。它不是米，而是麥的一種，顏色呈金黃色，原本是北非人澱粉攝取的主要食物，因北非有被法國殖民過，所以經常出現在法國的料理中。最簡單的料理方式，就是將100c.c的水煮滾，加入100克的北非硬麥，拌勻後調味，加一點檸檬汁，自由拌入喜歡的食材就完成了。

14 / GRAINS

根莖料理

農園裡物產豐富，有香菜、白蘿蔔、紅蘿蔔、薑等，就好像一個大超市般。王大哥說，物種多樣性的栽種方式，可以減少蟲害。話說到一半，他彎下身撿起一塊團粒土，解釋著這種土有很多縫隙，透氣又涵養水份，植物有足夠氧氣，也不怕水淹。

食旅

台東卑南 源緣園自然農場

食譜

炙燒有機山藥襯蘿蔔地瓜泥
薑味活力鯛蘿蔔角煮

台東卑南
源緣園自然農場

有元氣的土地，種出「真」作物

初次與源緣園自然農場的王大哥見面，由於對於彼此的不熟悉，氣氛中彌漫著「來者不善，善者不來」的肅殺意味。我有些坐立難安地接收著王大哥的問題：「身為一個廚師，不曉得你對健康和食材的看法是什麼？」

清了清喉嚨，我挺直腰桿說到：「我常常在強調健康的料理方式，少油、少鹽、少糖，卻忘了食物的來源才是最基本的。這一次，實際觸碰生養食材的土地，見識到就算食材長得不那麼美麗，卻以最天然的方式栽種。因此我也希望將料理回歸於食材本身。」一口氣吐出這些真心話，我才看見王大哥緩緩地露出笑容點點頭，內心著實鬆了一口氣。

也許是前面一番話，觸動了王大哥，他卸下心防，娓娓憶起小時候，在阿公阿嬤那個年代，只要哪裡有泉水冒出來，哪裡就會有魚，溪水是很乾淨的，但是到了他爸爸那一代，就開始使用農藥與化肥了。他親眼見證了兩種不同的農耕方式，一種是土地淨化的循環，一種是土地毒化的過程。

和自然蟲鳥一起養地

施行「自然農法」超過十年，王大哥算是自然農法界的前輩。

王大哥說，一切的關鍵在於土地，作物長得好不好，靠得是土地的元氣。養地學有機，首先要花三年四個月，

其重點在於不要讓土壤流失，而不是
一直加很多營養。若營養過多，土地
就會失調，受害的就是吃下這些東西
的人。他記得小時候，菜市場裡面總
是熱鬧滾滾，但現在的菜市場冷冷清
清，換成醫院熱鬧滾滾。王大哥說起
來有幾分無奈，卻也是事實。

農閒之時，喜歡閱讀古書的王大哥
奉行古人「晴耕雨讀」的概念，他覺
得「中國以農立國五千年」，一定會留
下一些記錄。他認為，古人的心比較
靜，能夠察覺到外物的變化；反觀現
代人，接收的訊息太多，心太急，對
大自然的感受也都退化了。

真的，透過親近食材的小旅行，這一

圈體驗下來，低頭看手機的時間少
了，抬頭看天空的時間卻多了，在
忙碌的都會生活中，我還真的很難
體會出天空中的雲量、空氣中的濕
度等些微的變化。

跟著王大哥的腳步走進田區，白頭

1.無毒農法種植是一條艱辛的道路，但卻是感謝大地之母最好的方式。
2.土地肥沃、健康，連蚯蚓都特別肥，更有力量翻土。
3.讓雜草與作物共生，是自然農法最大的特色。

翁在不遠處凝望著我們，而土地上，居然有一隻好大、好肥的蚯蚓，這真令人驚訝！可見這土地一定很肥沃。

王大哥表示，老一輩的人都說：「有蟲（發音：ㄊㄤˋ）才有人，蟲勒幫助人。」（台語）昆蟲是土地上的分解者，而鳥類在此繁衍、排泄，也提供了土地足夠的養分，牠們來田裡攝食作物，並非是白吃白喝，拿走了一些東西，就會用別的方式補回來，這就是自然界的循環。他說其實昆蟲、鳥類比人類更聰明，哪裡環境好，牠們就會往哪裡去；所以當他發現畫眉鳥來他的田裡築巢、生小孩，他就很高興，因為土地又有了養分。

自然農法，土地的中醫師

我看到田裡草深及膝，若不仔細看，是作物還是雜草真是傻傻分不清楚。「這些雜草長在這裡，難道不會搶走作物的養分嗎？」王大哥說，一般人都看不到小草的好處，覺得它會阻礙日照，搶走養分，但事實上，農夫在判讀小草，就像醫生在判定檢查報告的數據一樣，土地越肥沃，草也就長得越濃綠、越柔軟。

自然農法就好比中醫，當土地發生問題就想辦法調理；而採用農藥的就好比是西醫式的農夫，哪裡痛就醫哪裡，與之抗衡。土地需要透氣，就必

1、3.園裡到處是及膝的雜草，裡面深藏著美味健康的作物。2.「團粒土」正是土地透氣性強的證明。

須先要有小草，土地沒有小草，大雨一來，就會把肥沃的表土沖走。

「如果下大雨或遇到颱風，這些農作物要怎麼辦？」王大哥說，颱風會來，自然有它的道理在，由於他的作物跟著四季的風霜雨露一起成長，質地比較細密紮實，所以生命力很強，環境或天氣的影響對它來說就相對較小，一般會擔心下大雨，菜會爛掉，其實都是土地的透氣性不夠的關係。

他彎下身撿起一塊田地上的「團粒土」說，這就是土地透氣性強的證明。這種團粒土有很多縫隙，水分容易涵養，透氣性高，能提供植物根部足夠的氧氣，使作物頭好壯壯，不怕水淹。我接過王大哥手上的土團，清晨的雨絲與剛剛短暫露臉的太陽，將土團曬得濕濕熱熱的，感覺好像在呼吸。

吃當季，爆炸性的作物香氣撲鼻

農園裡物產豐富，有香菜、白蘿蔔、紅蘿蔔、薑等，感覺就好像一個大超市一般。王大哥跟我解釋，物種多樣性的栽種方式，可以減少蟲害。

我蹲好了馬步，抓著蘿蔔的葉子，正準備使勁，卻沒想到毫不費力，整顆蘿蔔就連根拔起。不過，挖薑的時候，就沒這麼容易了，王大哥說挖薑的時候要先從旁邊挖，才不會傷到薑，結果我試了兩下，鋤頭就被王大哥搶回去，邊玩笑邊吐槽我：「拿菜刀你很厲害，拿鋤頭你不行，這我在行，我來！」才剛說完，沒三兩下就挖起一大顆老薑。

接著，我坐上貨車，跟著王大哥到其他的田區採山藥。山藥是種在樹底下，我採了一顆大又重的紅皮山藥，

此刻，車上已堆滿紅蘿蔔、白蘿蔔、薑、地瓜和香菜，看起來有種大豐收的感覺。

在料理前，食材本身的香氣一陣陣撲鼻而來。

恰好，王大哥的老婆慧真姐，剛從台東大學有機農夫市集回來，她帶去的香菜一掃而空，問她如何採摘香菜，慧真姐說，很多人都以為香菜是越嫩的部分越好吃，但其實香菜在最綠的時候最好吃，因為那個時候它的氣味才會整個呈現出來。王大哥告訴我，

哪裡買
Where to buy

源緣園自然農場
地址：台東縣卑南鄉賓朗村賓朗路28鄰625號（台9線367.5公里處）
電話：（089）231-778
傳真：（089）225-788
營業時間：11:00 ～天黑
網址：http://tw.myblog.yahoo.com/3-yuan/
宅配：貨到付款。
郵政劃撥帳號06647335、戶名：王旭朗。
ATM轉帳：中國信託台東分行（代號822）、
帳號125-54002330-8

1、2、3. 從泥土中拔起的作物，香氣馬上撲鼻而來，那時食材「真正」的味道。
4. 坐在開放的貨車後方，前往各個田區，似乎完全融入農家生活。
5. 將剛剛拔回來的蘿蔔、山藥料理一番，和王大哥與慧真姐一同在戶外的木桌上用餐。

草會調整土地的香氣，而植物快不快樂，會直接反應在氣味上，而每年所呈現出來的氣味也都各不相同。看著捧在手心裡的新鮮食材，不但充滿了泥土香，摸起來還有大地之母的溫暖。一想到自己有機會能彎下腰、蹲下身把它們一個一個拔起來，真的會感謝大地 把這些作物生養的那麼好。

炙燒有機山藥襯蘿蔔地瓜泥

稍微炙燒過的山藥片帶有些許香氣，而佐以紅蘿蔔、地瓜打成的醬汁，顏色漂亮風味也很清新，將中式食材用日式料理的方式呈現，一點香菜提出香氣，是讓人意想不到味覺組合。

材料

山藥 —— 200克
香菜 —— 20克

蘿蔔地瓜泥
洋蔥 —— 50克
紅蘿蔔 —— 100克
地瓜 —— 100克
水 —— 200c.c
鹽 —— 適量

做法

1 洋蔥、紅蘿蔔、地瓜都切成大丁狀，山藥去皮切成片狀（正方形或半圓形都可以）備用。

2 取一小湯鍋，鍋內放油，小火炒洋蔥，讓洋蔥甜味出來後放入紅蘿蔔及地瓜跟水一起煮約8分鐘至軟爛，利用果汁機打成泥狀，加入鹽巴調味成醬汁。

3 燒一鍋水，將切片的山藥入鍋煮（冷水就可以放入），滾後約3分鐘後撈起，稍微瀝乾水分後，利用噴槍將山藥表面水分烤乾至上色。

4 擺盤，附上蘿蔔地瓜泥及香菜葉即可。

食譜

薑味活力鯛蘿蔔角煮

這是一道日式風味的料理,烹調方式非常簡單,適合沒有太多時間準備料理的人,不但同時攝取蔬菜與鮮魚的營養與風味,也是非常下飯的一道料理。

材料

白蘿蔔 ——— 150 克
紅蘿蔔 ——— 150 克
嫩薑 ——— 20 克
鯛魚 ——— 2 片
水 ——— 600 c.c
醬油 ——— 70 c.c
糖 ——— 30 克
白蘿蔔葉（綠色蔬菜亦可）——— 70 克

做法

1　白蘿蔔跟紅蘿蔔帶皮都切大丁，薑切成片狀，鯛魚也切成一樣的大小。

2　取一小湯鍋，鍋內加入水，醬油，糖，紅白蘿蔔及薑片，滾後開小火，一起煮約10分鐘（過程中看水的揮發程度，要適量的加水）。

3　到紅白蘿蔔軟化後，加入鯛魚塊，小火悶熟（約4分鐘），要起鍋前加入白蘿蔔葉燙至熟後，盛盤即可。

主廚帶路 用美味環島（原書名：義式主廚，農家上菜）
走進田間食堂！20場食旅＋34道食譜，吃一頓剛摘採、初捕獲的鄉間好滋味

作　　者	張秋永 Titan
文字編輯	李沂達、李凌萱
攝　　影	楊家齊
企畫執編	0519 STUDIO 譚聿芯
設　　計	IF OFFICE
特別感謝	鍋具提供／美國 MEYER美亞鍋具；橄欖油提供／義大利Olitalia 奧利塔橄欖油；義大利麵提供／Barilla百味來義大利麵；服裝提供／Ionism Design
責任編輯	詹雅蘭
行銷企劃	郭其彬、王綬晨、夏瑩芳、邱紹溢、李明瑾、張瓊瑜、蔡瑋玲
總 編 輯	葛雅茜
發 行 人	蘇拾平

出　　版 原點出版 Uni-Books
電　　話 （02）2718-2001　　**傳　　真**（02）2718-1258
Email uni-books@andbooks.com.tw
Facebook Uni-Books 原點出版

發　　行 大雁文化事業股份有限公司
　　　　　　台北市105松山區復興北路333號11樓之4
24小時傳真服務 （02）2718-1258
讀者服務信箱 andbooks@andbooks.com.tw
劃撥帳號 19983379　**戶　名** 大雁文化事業股份有限公司

一版一刷 2016年2月
定　　價 360元
ISBN 978-986-5657-67-3

國家圖書館出版品預行編目(CIP)資料
主廚帶路 用美味環島：走進田間食堂！20場食旅＋34道食譜，吃一頓剛摘採、初捕獲的鄉間好滋味 / 張秋永 Titan 著. -- 初版. -- 臺北市：原點出版：大雁文化發行, 2016.02 ; 256面 ; 15x21公分
ISBN 978-986-5657-67-3(平裝)

大雁出版基地官網：www.andbooks.com.tw